Pešić (Hrsg.)

Thymus
Zentrale der Immunität
und
endokrines Steuerungsorgan

Thymus

Zentrale der Immunität und endokrines Steuerungsorgan

Herausgegeben von
Dr. med. Milan Č. Pešić

Unter Mitarbeit von
Dr. med. Günter Neumeyer,
Dr. med. Milan Č. Pešić
Dr. med. Aleksander B. Skotnicki
und mit einem Beitrag von Prof. Dr. rer. nat. E. Zoch

Mit 13 Abbildungen

2., überarbeitete Auflage

HAUG

Karl F. Haug Verlag · Heidelberg

CIP-Kurztitelaufnahme der Deutschen Bibliothek

Thymus: Zentrale d. Immunität u. endokrines Steuerungsorgan / hrsg. von Milan Č. Pešić. Unter Mitarb. von Günter Neumeyer ... u. e. Beitr. von E. Zoch. – 2., überarb. Aufl. – Heidelberg: Haug, 1987.
ISBN 3-7760-0948-9

NE: Pešić, Milan Č. [Hrsg.]; Neumeyer, Günter [Mitverf.]

Herstellerische Betreuung: Axel Treiber

2. Auflage 1987

Verlags-Nr. 8711 · ISBN 3-7760-0948-9

Gesamtherstellung: Heinrich Schreck KG, 6735 Maikammer

I N H A L T

Zu diesem Buch

Ein Buch über so dynamische Themen wie Thymologie, Thymushormone, Thymusfaktoren und Thymustherapie zu veröffentlichen, ist eine sehr schwierige und undankbare Aufgabe.

Täglich werden immer wieder neue Ergebnisse aus mehreren Forschungszentren der Welt bekannt. Es bedarf äußerster Anstrengungen, auf diesem neuen medizinischen Gebiet einen Überblick über die Weltliteratur sowie wertvolle Erkenntnisse und Resultate zu erhalten. Das Thema ist auch undankbar, weil ein abgerundeter Wissensstand noch nicht vermittelt werden kann.

Dennoch wollte ich mein vielen Kollegen gegebenes Versprechen einhalten, ein übersichtliches Handbuch über die Thymusdrüse für Anspruchsvolle herauszugeben. Mir ist allerdings bewußt, daß dies eine schwierige Aufgabe sein wird; aber mein Wille zur Aufklärung einiger dieser Fragen über die Funktion der Thymusdrüse war unumstößlich.

Einem glücklichen Umstand ist es zu verdanken, daß sich unser Team aus folgenden "Kreativen" der Thymusforschung zusammensetzt:

Neumeyer, einem fleißigen Forscher, der seit Jahren an der didaktisch übersichtlichen Darstellung der Zusammenhänge auf dem Gebiete der Immunabwehr und in dem von ihm in Hamburg gegründeten Institut für wissenschaftliche Dokumentation an der Herausgabe der neuesten Literatur über Thymus-Faktoren in Forschung und Therapie tätig ist,

Skotnicki, der zur Elite der in Krakau an der Universität lehrenden Hämatologen und Immunologen gehört und mit seinen Veröffentlichungen in englischsprachigen Zeitschriften inzwischen den Anschluß an die große Welt der forschenden Thymologen gefunden hat,

Pešič, einem "besessenen" Thymustherapeuten, der die Thymustherapie nach Dr. Elis Sandberg 1975 in der Bundesrepublik eingeführt hat und damit als Katalysator für den inzwischen eingetretenen therapeutischen Optimismus bei der Verwendung von Thymusfaktoren gelten kann. Auf ihn geht auch die Gründung der Internationalen Gesellschaft für Thymusforschung e.V., D-3388 Bad Harzburg, zurück, deren Vizepräsident er ist.

Bei einigen Kapiteln wurde vermieden, diese bis ins letzte Detail auszuweiten. Wir haben dafür versucht, in einer leichten Redeform von einem Thema ins andere überzugehen. Der Leser möge uns unvermeidliche Wiederholungen verzeihen. Schweren Herzens haben wir auch eine Anzahl Seiten herausgelassen, um nicht eine Enzyklopädie zu veröffentlichen, was einem späteren Zeitpunkt vorbehalten bleibt.

Mit diesem Manuskript erhält der Thymustherapeut eine handfeste Unterlage für sein Bemühen um die Stärkung der körpereigenen Immunabwehr seiner Patienten. Daß diese Thematik der heutigen Medizin hart auf den Nägeln brennt, weiß jeder, der im Intensivmedizin-Betrieb steht, den Hospitalismus erlebt und bei den ganz großen Leiden wie Tumorgeschehen, Autoimmunerkrankungen und Altersprozessen noch nicht in Resignation verfallen ist.

Die Literatur umfaßt nur einen Bruchteil dessen, was auf diesem Gebiet existiert. Wer das Bedürfnis zu einer Einführung in die Thymologie hat, dem wird hiermit die Möglichkeit dazu gegeben.

Möge unsere Arbeit für viele Kollegen und Interessenten eine anregende Beschäftigung mit der Funktion der Thymusdrüse im positiven Sinne sein.

Bad Harzburg, Juni 1984

Der Herausgeber

VORWORT

Die Entdeckung der Rolle der Thymusdrüse in den Jahren 1961 und 1962 eröffnete völlig neue Möglichkeiten für die Erforschung der Struktur und der Funktion des Immunsystems. Heute erfolgen die Thymusforschungen vorwiegend in vier Richtungen: die antigene Eigentümlichkeit der Lymphozytenmembran, das Rezeptoren-Potential der lymphoiden und nicht lymphoiden Zellen, die sekretorische Aktivität der Lymphozyten und anderer Zellen, die direkt oder indirekt bei der Realisation der Immunantwort teilnehmen, und die gegenseitige Beziehung zwischen dem Immunsystem, dem Nervensystem und dem endokrinen System.

Diese Forschungen bewiesen vor allem, daß man die Thymusdrüse nicht nur als ein Organ, das im Immunsystem eine zentrale Rolle spielt, betrachten kann; es gibt immer mehr Angaben aus der experimentellen und klinischen Immunologie, die auf eine ständige und dynamische Beziehung zwischen dem Thymus, dem Gehirn, dem autonomen Nervensystem und den endokrinen Drüsen hinweisen. Daher ist die Thymusdrüse nicht nur für die Entwicklung und das Funktionieren des Immunsystems von Bedeutung; sie ist auch von grundlegender Bedeutung für die homöostatischen Mechanismen, besonders in der physiologischen Jugend des Organismus und früher. Die immunembryologischen Forschungen haben auf die gegenseitige Einwirkung zwischen Thymus und Gehirn im Laufe der Entwicklung des Embryos klar hingewiesen, was besagt, daß die Beziehung zwischen diesen zwei wichtigen Organen schon in frühester Entwicklung des Menschen verwirklicht wird.

Heute weiß man, daß die Produktion biologisch aktiver Substanzen, die Hormone miteinbezogen, nicht das ausschließliche Privileg des endokrinen Systems ist; man weiß, daß jede Zelle des Organismus die Fähigkeit besitzt, verschiedene Faktoren, die die biologische Aktivität in vivo und in vitro aufweisen, zu erzeugen.

Bei der Erforschung der humoralen Aktivitäten verschiedener Zellen des Gewebes und der Organe wird dem Thymus als die Quelle neuer, bis vor kurzem völlig unbekannter Hormone eine der zentralen Rollen beigemessen. So haben Neurohormone und Thymushormone eine gleichberechtigte Stelle und Bedeutung in der Physiologie und der Pathologie.

Im Laufe der letzten zwei Jahrzehnte haben Versuche besondere Bedeutung erlangt, die Erkenntnisse der Grundlagenforschung über Thymushormone für die klinische und praktische Medizin auszunützen. Die vorliegende Arbeit ist ein Beitrag in dieser Richtung und gleichzeitig ein Beweis für den Enthusiasmus, die Bemühungen und die Ausdauer von Dr. G. Neumeyer, Dr. M.Č. Pešić und Dr. A. Skotnicki, die thymushumoralen Faktoren für die Therapie verschiedener Erkrankungen einzusetzen.

Belgrad, Juni 1984

Prof.Dr.med., Dr.sci. B.D. Janković

VORWORT zur 2. Auflage

Erfreulicherweise hat unser Buch "Thymus - Zentrale der Immunität und endokrines Steuerungsorgan" einen großen Anklang bei Kollegen, Studenten und Patienten gefunden, so daß die 1. Auflage restlos vergriffen ist.

Die Entwicklung der Thymusforschung und der Thymustherapie ist in der Bundesrepublik Deutschland sehr positiv beurteilt worden, und es wächst das Interesse an der Thymustherapie ebenso sehr in den benachbarten Ländern. Wir freuen uns, daß wir besonders der dritten Generation der Thymustherapeuten mit unserem Beitrag die Thymusdrüse als ein bedeutendes endokrines und immunstimulierendes sowie immunmodulierendes Organ etwas näherbringen können.

Einige Ergänzungen unserer 1. Auflage waren notwendig; aber zum größten Teil ist der Text unverändert geblieben.

Ein großer Gewinn für unser Buch ist der Beitrag "Enzyme sowie andere biologisch relevante Proteine und Peptide der Thymusdrüse" von Prof. Dr. rer. nat. Dipl.-Chem. Erwin W. Zoch, geboren 1926 in Wiebelskirchen/Saar, Professor für Physiologische Chemie an der Medizinischen Fakultät der Universität des Saarlandes. Sein Forschungsgebiet umfaßt die Biochemie des Thymus unter besonderer Berücksichtigung der Enzymologie des Thymus sowie der biochemischen Wirkungsweisen von Thymusfaktoren. - Er ist seit 1982 Präsident der Internationalen Gesellschaft für Thymusforschung e.V.

Wir danken Herrn Dr. Ewald Fischer vom Haug Verlag für die Anregung zur Herausgabe einer 2., überarbeiteten Auflage dieses Buches und für seine anerkennenswerte Ausdauer bis zur endgültigen Fertigstellung des Manuskriptes mit seinen so umfangreichen Veränderungen.

Bad Harzburg, März 1987

Der Herausgeber

Die Thymusdrüse als Gegenstand der medizinischen Forschung

Über die Rolle der Thymusdrüse haben sich die Ärzte seit den Anfängen der Medizin als Wissenschaftler den Kopf zerbrochen. Auf der Suche nach dem Sitz der Seele glaubten griechische Ärzte in der Antike, ihn im Zwerchfell, später in der Thymusdrüse gefunden zu haben. Wissenschaftler späterer Jahre sahen in diesem Organ die Quelle der Jugend.

Erst als man gegen Ende des neunzehnten Jahrhunderts daran ging, bei Versuchstieren die Ausfallerscheinungen zu untersuchen, wenn man die Briesdrüse operativ entfernte, begann sich das Bild zu lichten.

Zunächst erkannte man, daß eine sehr früh nach der Geburt vorgenommene Entfernung der Thymusdrüse das alsbaldige Sterben des Tieres zur Folge hat. Später durchgeführte operative Entfernungen dagegen führten zwar auch zu gewissen Ausfallerscheinungen, jedoch konnten diese

Tiere meist noch längere Zeit ohne Thymusdrüse überleben. Ähnliche Beobachtungen machte man auch am Menschen.

Ende der fünfziger Jahre entdeckte J.F.A.P. MILLER in Melbourne die eigentliche Funktion der Thymusdrüse als "Schulungsstätte" für die damals im Rahmen der Transplantat-Abstoßungs-Forschung bekannt gewordenen Thymus-Lymphozyten. Gleichzeitig wurden die B-Lymphozyten in ihrer Funktion als Antikörper-Immunglobulin-Produzenten genauer charakterisiert.

Unabhängig voneinander, aber zur gleichen Zeit, haben JANKOVIC, WAKSMAN und ARNASON in Boston an der Harvard-Universität die Funktion der Thymusdrüse im immunologischen zellulären Geschehen erklärt und damit einen Meilenstein in der Thymusforschung gesetzt.

Sir BURNET hatte entdeckt, daß die Thymusdrüse insgesamt etwas mit der "Abwehr gegen eindringende Erreger", der Verteidigung des organismischen "Selbst" gegen eindringendes "Fremdes" zu tun haben müßte. Anfang dieses Jahrhunderts untersuchte HAMMAR in Schweden systematisch die Thymusdrüse und erkannte ihre Bedeutung als endokrines Organ.

Im Jahre 1923 verabfolgte KNIPPING wäßrige Kalbs-Thymusextrakte an etwa siebzig freiwillige Versuchspersonen in Hamburg und veröffentlichte seine Untersuchungen hierüber im Jahre 1924. Er stellte fest, daß die Injektionen keinen Schaden bei den getesteten Personen erbrachten und fand eine deutliche Zunahme der Lymphozyten im peripheren Blut.

Aufgrund dieser und mancher anderer Untersuchungen in den zwanziger Jahren produzierten Firmen wie Ernst Merck-Darmstadt und Hoffmann La Roche-Basel in den dreißiger Jahren Thymus-Tabletten, die der Abwehrstärkung gegen Infektionen dienen sollten.

In diesem Zusammenhang muß als besonders beachtenswert hervorgehoben werden, daß der schwedische Tierarzt Elis SANDBERG schon im Jahre 1938 begann, bei schweren Tuberkulosefällen intensiv nach Wegen der Abwehrstärkung zu suchen. Er entwickelte zahlreiche Thymusextrakte und gewann schließlich das "THX" (= Thymus-Extrakt Nr. 10) genannte Präparat, das aus zerkleinerten Kalbsbriesdrüsen mit Hilfe von destilliertem sterilem Wasser (Aqua destillata steril.) in einem besonderen Verfahren gewonnen wird.

Im Laufe der fünfziger Jahre injizierte SANDBERG vielen schwerkranken Patienten diesen Gesamt-Thymusextrakt aus Kälberbriesdrüsen und erzielte damit zum Teil spektakuläre Erfolge, die er 1968 in dem in schwedischer Sprache erschienenen Buch "THX", das inzwischen auch in deutscher Sprache vorliegt, niederlegte und mit zahlreichen großen statistischen Übersichten untermauerte.

Erst 1975 wurden deutsche Ärzte auf diese Erfahrungen aufmerksam. Vor allem einer der Autoren dieses Berichtes (PESIC) besuchte 1975 SANDBERG in seiner Forschungsstätte in Aneby bei Jönköping in Schweden und erlernte das Zubereitungsverfahren des THX. In Bad Harzburg wurde bald darauf die Herstellung aufgenommen, und nun kamen die ersten deutschen Patienten in den Genuß der heilsamen THX-Wirkungen. Inzwischen sind mehr als 11 Jahre aktive Behandlungs-Serien mit THX und ähnlichen Thymuspräparaten in Deutschland durchgeführt worden. Die Zahl der Thymustherapeuten liegt zur Zeit weit über 6000, und ihre Erfahrungen mehren sich ständig. Nach Übersichtsschätzungen sind seit 1950 viele Millionen Injektionen mit dem frisch hergestellten Gesamt-Thymusextrakt durchgeführt worden, ohne daß - wie es bei anderen Medikamenten öfter vorkommt - anaphylaktische Reaktionen beobachtet worden sind.

Auf den Kongressen der Internationalen Gesellschaft für Thymusforschung in Bad Harzburg, Jönköping, Pörtschach, Lenggries, Bad Homburg, Goslar und Baden-Baden wurde durch namhafte Immunologen hervorgehoben, daß die Thymus-Injektionen nur selten zu höheren Antikörper-Titern führen.
(Abb. 2 - Primäre Lymphorgane)

Die Funktionen der Thymusdrüse

Prinzipiell muß sich jeder lebende Organismus ständig gegen eindringende Fremdorganismen (Bakterien, Viren, Rickettsien, Protozoen, Myzele oder Parasiten etc.) wehren. Funktioniert die Abwehr nicht mehr, so stirbt der Organismus ab. Praktisch dringen mit jedem Atemzug und mit jedem Schluck Wasser Billionen von Mikroorganismen in den Körper ein. Darüber hinaus hat man in letzter Zeit festgestellt, daß sich im Körper täglich mehrmals Mutationen in den Zellkern-Chromosomen ereignen, woraufhin sich veränderte Körperzellen, u.a. fakultative Krebszellen entwickeln können. Sowohl Fremdorganismen als auch mutierte Krebszellen müssen sofort durch das System der Freßzellen (Phagozyten) und durch das lymphozytäre Abwehrsystem beseitigt werden, wenn es nicht zu den typischen Erscheinungen der Infektionskrankheiten mit Entzündungsreaktionen, Fieber, Hautausschlägen und eventuell später zu chronisch werdenden Autoimmunkrankheiten oder gar zum Ausbruch einer Krebskrankheit kommen soll. Die Thymusdrüse dient als Zentrale dieser Abwehrstrategien des Organismus.

Das Abwehrsystem des Körpers

Schon die Haut- und Schleimhaut-Oberflächen müssen in der Lage sein, die ersten Eindringlinge abzufangen (z.B. mittels Immunglobulin-A) und mit Hilfe von abbauenden Stoffen (Lysozymen, Katalasen, Myeloperoxidasen etc.) abzutöten.

Thymus-Lymphozyten sind in der vordersten Front des Intestinalepithels (im Bereich der microfold-Epithelien) vorhanden, um immunogene Informationen an B-Lymphoblasten der Darmfollikel weiterzugeben. Es bestehen wichtige Verbindungen zwischen Ernährung, Darm und Immunabwehr.

Thymusdefizienzen sind bei chronischen Intestinalerkrankungen regelmäßig festzustellen (Morbus Crohn, Colitis ulcerosa).

Dringen Erreger jedoch in das Blut oder in die Gewebe ein, so müssen sie von den neutrophilen Granulozyten attackiert werden, die man als "Mikrophagen" (kleine Freßzellen) der ersten Welle bezeichnet. Sie durchstreifen unaufhörlich alle Blutgefäße und Körpergewebe auf der Suche nach Fremderregern, abgestorbenen Zellen

oder sich entwickelnden Krebszellen. Durch direkten Angriff und unter Aufopferung des eigenen Daseins zerstören sie Bakterien und fremd gewordene Körperzellen. Nach Viruskontakt kommt es z.B. bei der Leberzellentzündung (Hepatitis) zum "Fremdwerden" der befallenen Leberzellen. Diese krank gewordenen, mit Viren besetzten Zellen regen einerseits die Produktion von Interferon an, das wiederum andere Leber- und Körperzellen vor dem Eindringen von weiteren Viren schützt; andererseits führt der Virusbefall einer Leberzelle zur Veränderung der Zelloberflächen-Erkennungszeichen (HLA-Marker plus Oberflächen-Antigen-Deviationen).
(Abb. 1 - Panorama der Immunabwehr)

Dann aber erscheinen sehr schnell zytotoxische Thymus-Killerzellen und auch nicht-thymusabhängige Killerzellen sowie Makrophagen und vernichten die kranken Zellen mit ihren noch darin befindlichen Viren. Auf diese Weise kommt es bei einem funktionierenden Abwehrsystem zu einem "Ende mit Schrecken", während es bei einem nicht gut funktionierenden Immunabwehrsystem zu einem "Schrecken ohne Ende" im Sinne der Chronifizierung, der Granulombildung, der immer wiederkehrenden Re-Infektionen oder der Bildung von Immunkomplexen mit Ablagerungserscheinungen (Amyloidose z.B.) kommt.

Immunschwächen führen früher oder später zu chronischen Autoaggressionen im Sinne der Autoimmunreaktionen. Nachdem die erste Welle der Abwehr fremd gewordene Zellen, Krebszellen und Erreger aufgelöst hat, stürzen sich die Blutmonozyten und die Gewebsmakrophagen auf die Reste, schlucken (phagozytieren) und "verdauen" sie, transportieren sie ab und zerlegen sie in nicht mehr toxische Grundbestandteile, die dem allgemeinen Stoffwechsel und der Ausscheidung wieder zugeführt werden. Monozyten und Makrophagen fungieren also als Phagozyten der "zweiten Welle" der Abwehr.

Die besondere Rolle der Thymusdrüse in der körpereigenen Abwehr

Die phylogenetische Entwicklung der Thymusdrüse ist äußerst interessant, da sie schon bei den Knorpelfischen entsteht, obwohl man die T-Lymphozyten erst bei Knochenfischen findet.

Die Thymusdrüse entwickelt sich schon sehr früh beim Embryo aus dem Bereich der 3. und 4. Kiementasche, aus denen auch die Schilddrüse und die Nebenschilddrüsen entstehen. Die aus dem Knochenmark früh auswandernden Lymphzellen (Prä-Thymus-Lymphozyten) gelangen über Blutgefäße in die Thymusdrüse und treten dort in direkten Kontakt mit Thymusepithelzellen; ja, sie dringen direkt in die Epithelzellen ein und scheinen dort einige Zeit zu verweilen. Nur zwei bis drei Prozent der eingewanderten Prä-Thymus-Lymphozyten werden danach wieder in die Blutbahn entlassen. Die restlichen 97 % verbleiben in der Thymusdrüse, werden aber umgewandelt; aus ihnen entwickeln sich wahrscheinlich die Hassall'schen Körperchen, die typisch für die Thymusdrüse sind.
(Abb. 4 - Lymphorgane und Lymphkreislauf)

Der bekannte Thymologe T.D. LUCKEY meinte zu diesen Beobachtungen, daß die Thymus-Lymphozyten in der Thymusdrüse lernen müssen, die eigenen Körperzellen als "Selbst" zu erkennen, indem sie die sogenannten HLA-Individualitäts-Zelloberflächen-Erkennungszeichen (Human Leucocyte Antigen-Marker) gleichsam "auswendig lernen".

Die HLA-Faktoren sitzen auf den Zelloberflächen aller Zellen des Organismus und sind spezifisch wie Sicherheitsschlüssel gebaut, so daß praktisch kein Individuum in der Welt jemals das gleiche HLA-Molekül haben kann und jemals haben wird; es sei denn, es handelt sich um eineiige Zwillinge mit HLA-Identität. Thymus-Lymphozyten erkennen später, d.h. nachdem sie aus der Thymusdrüse in die Blutbahn und in die Lymphorgane (Milz, Lymphknoten, Lymphbahnen) entlassen worden sind, die individual-spezifischen Zelloberflächen des eigenen Organismus mithin ganz genau.
(Abb. 3 - Sekundäre Lymphorgane)

Durch den Kontakt mit den Thymuszellen und durch Beeinflussung von Thymusfaktoren (Thymushormonen) entwickeln sich verschiedene Untergruppen von Thymus-Lymphozyten, so z.B. die Thymus-Helfer-Lymphozyten, die auf die sogenannten B-Lymphozyten deutlich fördernd einwirken, damit diese bei Bedarf jene Immunglobuline produzieren, die gegen eindringende oder im Körper entstehende Antigene wirksam werden sollen. B-Lymphozyten entstehen ebenfalls im Knochenmark, durchwandern danach wahrscheinlich Leber und Lymphknoten und werden besonders in der Milz in größerer Zahl deponiert.

Die Bezeichnung B-Lymphozyt stammt aus der Anatomie der Vögel, die in der sogenannten Bursa Fabricii, einer lymphoiden Drüse im Bereich der Kloake, die Immunglobulin-produzierenden B-Lymphozyten (Bursa-Lymphozyten) entwickeln. Bei Säugetieren und beim Menschen ist die Bursa weggefallen. Dafür können z.B. die im Mesenterium und unter der Darmschleimhaut liegenden Lymphknoten (Peyer'sche Platten) die Funktion der Bursa übernehmen. Auch in der Leber scheinen die B-Lymphozyten eine Art "Schulung" zu erfahren. Wichtig ist, daß sich die B-Lymphozyten nicht zu den Antikörper produzierenden Plasmazellen entwickeln können, wenn keine Thymus-Helfer-Lymphozyten vorhanden sind oder wenn sie zwar zahlenmäßig vorhanden sind, jedoch in ihrer anregenden Helferfunktion nicht wirksam werden, weil die entsprechenden Thymusfaktoren nicht vorhanden sind. Auch ist es wichtig zu wissen, daß die Makrophagen in den Körpergeweben die Antigene zunächst verdauen müssen, um sie dann Thymus-Lymphozyten zu "präsentieren", die daraufhin die Impressionen davon an die B-Lymphozyten und Plasmazellen weitergeben, damit diese nun wieder die dazu passenden Antikörper bilden können.
(Abb. 5 - Die Zellen des phagozytären Systems)

Als Antigene kommen praktisch alle größeren Fremdmoleküle infrage, die sogenannte "antigene Determinanten" im Sinne immunologisch wirksamer "Epitope" tragen.

Diese spezifischen antigenen Epitope werden durch Makrophagen und Thymus-Lymphozyten erkannt, und die B-Lymphozyten-Plasmazellen bilden daraufhin die dazu passenden "Paratope" (Schlüssel-Schloß-Systeme).

Die Aufgabe der Antikörper ist es, die Antigene zu verklumpen, Bakterien und Viren ebenfalls aneinander zu kitten und dadurch "mundgerechte Bissen" für die Freßzellen (Mikrophagen und Makrophagen) zuzubereiten.

Durch unterschiedliche Reaktionsweisen kann es im Bereich der B-Lymphozyten-Plasmazellen zu einer Überproduktion von Antikörpern kommen. Dadurch können im Zusammenwirken mit Komplement-Proteinen und anderen Entzündungsmediatoren Immunkomplexe entstehen, die sich z.B. an den Blutgefäßwänden ablagern und dort zu einer Entzündung führen. Dabei entstehen zahlreiche

unterschiedliche Krankheiten, die durch vier verschiedene Überempfindlichkeitsreaktionen charakterisiert sind. Vor allem im Bereich der vierten Überempfindlichkeitsreaktion spielen offenbar spezielle Thymus-Lymphozyten in enger Zusammenarbeit mit Makrophagen eine Rolle. Es handelt sich dabei um die "Hautreaktionen vom verzögerten Typ", die auftreten, wenn man Antigene in geringer Dosis in die Haut ritzt. Nach zwei bis drei Tagen entsteht dann eine lokale Entzündung, wenn die Thymusdrüse noch richtig funktioniert. Bei negativem Ausfall, z.B. der Tuberkulin-Hautprobe, muß mit einer Defizienz der Thymusfunktion gerechnet werden. Diese Hautreaktionen sehen histologisch aus wie die Folgen einer kombinierten Arthus-Reaktion.
(Abb. 6 - Entzündungs-Mechanismen)

Wichtig in diesem Zusammenhang ist auch, daß es Thymus-Lymphozyten gibt, die eine bremsend-hemmende Aufgabe besitzen: Sie sind dafür verantwortlich, daß die B-Lymphozyten-Plasmazellen nicht übermäßig viele Antikörper (Immunglobuline der Klassen M, G, A, D und E) bilden. Daher haben sie die Bezeichnung Thymus-Suppressor-Lymphozyten erhalten. Ohne Thymus-Suppressor-

Lymphozyten kommt es fast regelmäßig zu Autoimmunerkrankungen, Immunkomplex-Krankheiten und Hyper-Immunglobulinämien.

Damit ist erwiesen, daß die Thymus-Lymphozyten eine wichtige Steuerungsaufgabe für das gesamte Immunabwehr-System übernommen haben. Thymus-Lymphozyten kreisen zu 85 % im peripheren Blut; sie verlassen die Lymphbahnen über den Ductus thoracicus, der in die linke Vena subclavia mündet, um hier wieder in den Blutkreislauf aufgenommen zu werden. Das ist insofern verständlich, als diese Steuerungs- und Überwachungszellen ja allgegenwärtig sein müssen, um in engem Kontakt mit den Freßzellen die Abwehr-Überwachung zu garantieren (s.a. Abb. 4).

TALLBERG, zit. bei T.D. LUCKEY, "Thymic Hormones" (1973), hat einmal die Thymusdrüse als "Gehirn der Immunabwehr" bezeichnet und die Funktionen der Thymushormone als Faktoren der molekulären Oberflächen-Prägung (molecular imprinting) charakterisiert. Es scheint auch tatsächlich so zu sein, daß bei Versuchstieren, bei denen man die Thymusdrüse frühzeitig nach der Geburt (oder durch Strahleneinwirkungen schon im fetalen Leben vor der Geburt) ausgeschaltet hat, die Funktionen der Thymus-Lymphozyten nicht mehr vorhanden sind und aus den peripheren Lymphorganen (Lymphknoten) und aus der Milz völlig verschwinden, jedoch wiederkehren und ihre vollen Helfer-Suppressor-Killer-Funktionen wieder aufnehmen, wenn man diesen thymuslosen Tieren Thymus-Extrakte von fremden Tieren (z.B. Kalbsthymusextrakte) injiziert. (Abb. 7 - Thymusdrüse und Lebensalter)

Das Gleiche gilt auch dann, wenn sich im Laufe des Lebens die Thymusdrüse langsam zurückbildet. Bereits kurz nach Eintritt der Pubertät kommt es zu einer zunehmenden Schrumpfung der Thymusdrüse, und schon mit dreißig Lebensjahren ist nur noch ein Viertel des vormaligen Gewichtes vorhanden. Es scheint so zu sein, daß die Natur den Menschen nur für ein Leben von etwa vierzig Jahren vorgesehen hatte. In der frühen Steinzeit lag dementsprechend das mittlere Lebensalter nur bei 17 - 19 Jahren. Das bedeutet aber, daß wir heute bei einer mittleren Lebenserwartung von über 70 Jahren praktisch ab dem fünfzigsten Lebensjahr nur noch mit minimalen

Resten der Thymusdrüse auskommen müssen. Altersprozesse scheinen eng mit der Verminderung der Thymus-Kapazität zusammenzuhängen; jedenfalls nehmen im Alter Ablagerungskrankheiten, Degenerationsleiden der Gelenke, Autoimmun- und Krebserkrankungen deutlich zu. Wenn man bei älter werdenden Menschen z.B. mit Recall-Antigenen (Multitest, Institut Merieux) die Haut untersucht, so findet man in zunehmendem Maße eine Verringerung der Hautreaktionen vom verzögerten Typ.

Gleichermaßen verringert sich die Immunabwehr durch Thymus-Schwächung während der Schwangerschaft bei der Mutter. Das scheint ein normaler und sinnvoller Vorgang zu sein, damit das heranwachsende Kind (das ja ein echter Fremdkörper mit völlig eigenständigem HLA-Erkennungssystem auf den Körperzellen ist!) nicht durch die Thymus-Killer-Lymphozyten der Mutter angegriffen werden kann. Während der Schwangerschaft kommt es daher auch häufig zu Entgleisungen des B-lymphozytären Antikörper-Produktions-Apparates, normalerweise jedoch auch zu einem verstärkten Schutz durch Phagozyten, Komplement- und Gerinnungsfaktoren sowie andere Entzündungsmediatoren bei der Schwangeren.

Beim zunehmenden Altersprozeß spielt die Thymusdrüse eine wichtige Rolle. Je geringer die Funktionen der Thymus-Epithelien werden, je weniger Thymushormone (Thymusfaktoren) im Blut kreisen, umso eher können sich z.B. durch Virusgenome und auch durch andere Kanzerogene mutierte Körperzellen in Krebszellen verwandeln. Wenn dann die Thymus-Killerzellen im Zusammenspiel mit den Makrophagen, den natürlichen Killerzellen und den übrigen Abwehrmechanismen nicht in der Lage sind, die ersten sich entwickelnden Krebszell-Kolonien abzufangen und abzutöten, dann kann es bei allgemein darniederliegendem Abwehrsystem zur Ausbreitung der Krebszell-Geschwulst kommen.

Anaesthesie-Prozeduren, Operationen, Verletzungsfolgen und längerdauernde Infektionskrankheiten schwächen das Thymus-Abwehrsystem deutlich. Anaesthesisten und Operateure prüfen heute schon mit Hilfe des Multitest-Hautstempels die Immunabwehr und führen entsprechende Vorsichtsmaßnahmen auf Intensivstationen durch, wenn die Reaktionen vom verzögerten Typ auf der Haut negativ ausfallen.

Die Thymusdrüse entwickelt sich, wie oben bereits kurz angedeutet, schon während des frühen Fetallebens und bildet bei der Geburt ein im Vergleich zur Körpergröße des Säuglings relativ großes Organ hinter dem Brustbein, vor dem Herzen. Die Größe nimmt bis zum dritten Lebensjahr noch weiter zu, erreicht ein Gewicht von 37 Gramm und bleibt bis zur Pubertät unverändert.

Nach Eintritt der Geschlechtsreife kommt es zu einem stufenweisen Schwund, weshalb man die Thymusdrüse als "Jugendlichkeits-Organ" bezeichnete. Dieses Phänomen wurde bereits im Jahre 160 von dem griechischen Arzt GALEN beobachtet.
(Abb. 9 - Thymusfaktoren)

Wenn man die Thymusdrüse bei jungen Tieren entfernt, kommt es zu schweren Krankheitserscheinungen. Die Zahl der peripheren Thymus-Lymphozyten verringert sich rapide, und im histologischen Bild verschwinden die T-Lymphozyten aus allen Lymphorganen vollständig. Die thymuslosen Tiere verlieren die Fähigkeit, Fremdtransplantate zu erkennen und abzustoßen. Die Makrophagen-aktivierenden Faktoren verschwinden aus dem Körper. Auch die Antikörper-Produktion der B-Lymphozyten-Plasmazellen vermindert sich deutlich. Es kommt zu einer Art Auszehrung (runt-disease) mit Todesfolge durch totale Immunabwehrschwäche. Bei einigen thymuslosen Zuchtmäusen allerdings kann diese Schwäche unter bestimmten Bedingungen durch eine ersatzweise Aktivierung der "Natural Killer Cells" (natürliche Killerzellen) überdeckt werden, was auch für die Abstoßung von Tumorgeweben gilt. Dieses Phänomen hat zu der Fehlannahme geführt, daß die Thymuslosigkeit die Krebsentstehung nicht begünstigen könne. Das ist jedoch ein Irrtum, der durch zahlreiche Versuche bestätigt worden ist.

Die thymuslosen Tiere weisen Haarausfall, Durchfallsneigung, vermindertes Körperwachstum und zahlreiche Infekte mit Bakterien, Viren oder Pilzen auf.

J.F.A.P. MILLER und D. OSOBA konnten in den Jahren 1964 - 1965 durch Implantationen synogenetischen Thymusgewebes (Thymusgewebe von Zwillingstieren) bei jungen Mäusen und Ratten die deletären Folgen des Thymusausfalles beseitigen. Die Tiere, bei denen eine Thymusgewebstransplantation vorgenommen worden war, lebten nach dem Eingriff wie normale Tiere weiter und erreichten das übliche Lebensalter. Von besonderer Bedeutung wurde ein Versuch, der bewies, daß tatsächlich die Thymusfaktoren, die Thymushormone, für die Wiederherstellung der Thymus-Lymphozyten-Aktivitäten verantwortlich sind. Es wurden nämlich den thymuslosen Jungtieren kleine Kammern eingepflanzt, in denen Thymusgewebe enthalten war. Durch die Kammerwände hindurch konnten jedoch nur kleinmolekulare, flüssige Faktoren in das Blut des Versuchstieres entweichen. Dennoch wurden die gleichen fördernden Einflüsse auf die thymuslosen Jungtiere beobachtet, wie es bei der Übertragung von Thymusgewebe von Zwillingstieren (synogenetisches Zellmaterial) der Fall war.

Damit wurde zum ersten Male der wissenschaftliche Beweis erbracht, daß Thymusfaktoren in gelöstem Zustand als molekulare Spaltprodukte von Proteinen, also als Peptide, im Organismus wirksam werden können.

Diese Erkenntnisse unterstützen die These von E. SANDBERG, daß es tatsächlich möglich ist, mit Hilfe von Kalbs-Thymusextrakten die Funktionen der Thymus-Lymphozyten im Sinne der Steuerung und Überwachung des gesamten Abwehrsystems wieder herzustellen bzw. bei Schwäche wieder anzuregen.

Der im Serum vorhandene Faktor oder - besser gesagt - die zahlreichen Thymusfaktoren sind in der Lage, eine geschwächte Immunabwehr wieder zu regulieren. Man spricht daher von Immunmodulation im Sinne der Anregung (Thymus-Helfer-Lymphozyten) und im Sinne der Überwachung (Thymus-Suppressor-Lymphozyten, Thymus-Killer-Lymphozyten etc.).
(Abb. 10 - Lymphokine und Reaktionen sensibilisierter Thymus-Lymphozyten)

Seit 1960 sind in zahlreichen immunologischen Forschungslaboratorien in aller Welt ungezählte Versuche durchgeführt worden, um die Zusammenhänge in immer feineren Mustern aufzuklären. Die "Thymologie" hat seit gut 25 Jahren den Bereich der immunologischen Forschung zu mehr als 50 % erfaßt, während bis zu diesem Zeitpunkt die Erforschung der Antigen-Antikörper (Immunglobulin)-Reaktionen im Sinne der humoralen Abwehr im Vordergrund der Forschungen gestanden hatte. Die Serologie und die Impf-Immunologie haben der Medizin wesentliche Fortschritte gebracht.

Die Erkenntnisse der Thymologie jedoch stellen eine bedeutende Erweiterung dieser Gesamterkenntnisse dar und sind sowohl für die Diagnostik als auch für die Therapie chronischer Leiden von wesentlicher Bedeutung.

Thymusschwäche beim Menschen

Es gibt Kinder, die mit einer Thymusschwäche geboren werden. Man spricht von einem 3 - 4 Kiementaschen-Defizienz-Syndrom. NETZELOF beschrieb ein Syndrom, das mit einem Thymusmangel einhergeht. Als angeborene Thymusaplasie wird das DI-GEORGE-Syndrom bezeichnet. Beide Krankheitsbilder treten bald nach der Geburt auf und führen ähnlich wie die Auszehrungskrankheit bei

Versuchstieren ohne Thymusdrüse alsbald zum Tode der betreffenden Individuen. Beim DI-GEORGE-Syndrom besteht außerdem noch ein Fehlen der Nebenschilddrüse, weshalb zusätzlich bei diesen Kindern tetanische Anfälle infolge Kalziummangels im Blut auftreten. Meist kommt es bei Kindern mit diesen angeborenen Thymus-Schwächen zu schweren Virusinfektionen oder zu generalisierenden Pilzinfektionen, an denen sie zugrunde gehen.

Die mukokutane Candidiasis, eine generalisierende Infektion mit bestimmten Pilzen (Candida albicans) geht mit einem teilweisen Defekt der Thymus-Lymphozyten einher. Ebenfalls gestört ist das ausgleichende Immungleichgewicht bei der Lymphogranulomatose, der als Morbus Hodgkin bezeichneten Erkrankung des Lymphsystems. Bei Thymus-Geschwülsten (Thymomen) kommt es zu einer mangelhaften Thymus-Lymphozyten-Information mit entsprechenden Immunschwächen. Ein Mangel des Enzyms Adenosin-Desaminase (ADA), der zu einem sehr schweren und bisher nicht effizient behandelbaren Defekt der Immunabwehr führt, könnte mit Gesamt-Thymusextrakten, die reichlich ADA beinhalten, behandelt werden. Eine seltene Krankheit, die Purin-Nukleosid-Phosphorylase-Enzym-Schwäche, geht ebenfalls mit T-Lymphozyten-Störungen einher. Auch bei der als SCID (schwere kombinierte Immun-Defizienz) bezeichneten Krankheit kommt es zu T-Lymphozyten-Störungen bei allgemeiner Knochenmarksschwäche und darniederliegender Antikörper-Produktion infolge fehlender B-lymphozytärer Aktivitäten. Wahrscheinlich liegt bei dieser Krankheit eine Störung im Bereich der lymphoiden Knochenmarksstammzellen vor.

Daß es bei Knochenmarksstörungen (Hypoplasien, Aplasien, Zytostatika-Intoxikationen, Strahlenschäden etc.) auch zu T-lymphozytären Immunschwächen kommt, erscheint im Zusammenhang mit dem bisher Geschilderten verständlich. Ähnlich liegen die Verhältnisse auch bei Leukämien und bei krebsartigen Veränderungen des Lymphsystems (Lymphome, Lymphosarkome, Histiozytosen etc.). Sehr seltene Krankheiten weisen auch einen Mangel an T-Lymphozyten auf, so die teleangiektatische Ataxie und die intestinale Lymphangiektasie.

Durch immer exaktere Bestimmungen der Subpopulationen von Thymus-Lymphozyten gelingt es, auch bei zahlreichen anderen chronischen Leiden, deren Ursachen man bisher nicht erkennen konnte, Thymus-Defekte nachzuweisen. Bei solchen Erkrankungen ist dann auch der Therapieversuch mit Thymushormonen, Thymusfaktoren und Gesamt-Thymusextrakten aus Kälberbries gerechtfertigt, zumal die günstigen Ergebnisse dieser Therapie dann den Einsatz toxischer oder nebenwirkungsreicher Arzneimittel verringern helfen.

Klinisch ist häufig versucht worden, Kindern mit Thymusschwäche, häufigen Virus- und Pilzinfektionen und Wachstumsstillstand durch Transplantationen mit Thymusgewebe von Verwandten oder HLA-identischen Individuen zu helfen. Diese Versuche sind jedoch nur in Einzelfällen erfolgreich gewesen.

Wesentlich günstiger werden bei Knochenmarksaplasie, Knochenmarkshypoplasie, Anämien und Leukopenien die Versuche mit Knochenmarks-Transplantationen beurteilt. Die klinischen Erfahrungen, insbesondere polnischer und italienischer Experten, sprechen jedoch dafür, daß auch der Einsatz von Thymusextrakten bei solchen Mangelkrankheiten von Erfolg sein kann.

Es ist wiederholt versucht worden, von gesunden Menschen als Spendern Thymus-Lymphozyten auf kranke Empfänger zu übertragen. Bei genauerer Untersuchung der Lymphozyten der Empfänger zeigte sich nach einer gewissen Zeit, daß es die eigenen Lymphozyten waren, die durch Transferfaktoren der gesunden Lymphozyten angeregt wurden, wieder normale Funktionen als Thymus-Lymphozyten zu übernehmen.

Die immunologische Rekonstitution von Thymus-Lymphozyten der kranken Empfänger ging auch dann noch vonstatten, wenn die Spender-Lymphozyten in halbdurchlässigen Kammern eingepflanzt worden waren. Das beweist, daß bei der Übertragung der Aktivierung auch niedermolekulare Stoffe beteiligt sind, die durch Mikroporen einer Membran diffundieren können (Transferfaktoren). Dagegen sind die in die verschiedenen Modulierungsreaktionen eingeschalteten Interleukine und Lymphokine in den meisten Fällen Glykoproteine, also höhermolekulare Verbindungen.

Die Thymus-Transplantationen sind mit einem großen Risiko verknüpft. Dazu gehören z.B. postoperative Infektionen, operative zusätzliche Schwächung des Immunsystems, gefährliche Aggressionsreaktionen (Transplantat-Lymphozyten greifen das Gewebe des Empfängers an = Graft-versus-host-reaction), Einflüsse toxischer Produkte beim Zellzerfall oder durch Transplantat-Abstoßungen, Übertragung pathogener, adaptierter Viren.

Thymusextrakte bei AIDS

Seit einigen Jahren wird vermehrt über ein als AIDS (acquired-immuno-deficiency-syndrome) bezeichnetes deletär verlaufendes Krankheitsbild berichtet, das offenbar durch Infektionen mit dem HTLV-III (human T-cell-leucaemia-virus) entsteht und zum Totalausfall der T-Helfer-Lymphozyten führt. Auch bei diesem Krankheitssyndrom hat man mit Thymusextrakten versucht, das Immunsystem zu mobilisieren und zu modulieren. Nach der neuesten Nomenklatur wird das HTLV-III-Virus jetzt als HIV (Human Immunedeficiency Virus) bezeichnet. Wie bei einer Krankheit, die durch eine extreme Störung der T-

Helfer-Lymphozyten gekennzeichnet ist, zu erwarten, scheint AIDS einen tiefgreifenden Einfluß auf den Thymus zu haben, in dem diese Zellen reifen. Untersuchungen von Thymusdrüsen, die man bei der Autopsie von AIDS-Patienten entnommen hatte, zeigten eine ausgedehnte Schädigung dieses Organs; in welchem Ausmaß diese Schädigung die Ursache oder die Wirkung von T-Zellen-Anomalien ist, muß allerdings noch abgeklärt werden. Die Gewebsveränderungen in den Thymusdrüsen von AIDS-Patienten ähneln denen, die bei einer Graft-versus-host-Reaktion auftreten. Dieser Prozeß wurde erstmals 1954 nach einer Knochenmarksübertragung auf einen Leukämiepatienten beobachtet; dabei greift das Fremdgewebe den Körper an, in den es transplantiert wurde.

Studien an scheinbar noch gesunden AIDS-Patienten ließen ebenfalls an eine Thymusdysfunktion denken, mit stärksten Abweichungen von den Normalwerten bestimmter Thymushormone. Eines davon, "Thymulin", war stark erniedrigt oder fehlte sogar gänzlich, während ein anderes, "Thymosin-Alpha-1", weit über den Normalwerten lag. Thymosin-Alpha-1 ist eins der Thymushormone, das vermutlich eine bedeutende Rolle bei der Reifung der Helfer-T-Lymphozyten spielt; sein Anstieg im Zusammenhang mit dem für AIDS charakteristischen Absinken der Helferzellen deutet auf eine gewisse Störung in der Regulierung der Helferzellenentwicklung. Geschädigte Helfer-T-Zellen sind offenbar unfähig, dem Thymus eine normale Nachricht zukommen zu lassen, damit dieser seine Hormonproduktion "abschaltet" oder Rezeptorfunktionen sind geschädigt. Der Rückkopplungsmechanismus ist lahmgelegt.

Diese Unregelmäßigkeiten der Thymosin-Alpha-1-Bildung bei AIDS wurden als diagnostische Marker für das Syndrom erwogen, da sie sich als hilfreich herausstellten, um zwischen hereditären Immunmangelzuständen und AIDS bei Kleinkindern zu unterscheiden. Außerdem wurde Thymosin-Alpha-1 in der experimentellen AIDS-Therapie eingesetzt, weil es möglicherweise Oberflächen-Rezeptoren mit HIV-Ähnlichkeit aufweist und somit als Blocker für Viren an T-Helfer-Zellen wirkt.

Günstige Wirkungen mit Thymusfaktoren sind inzwischen bestätigt worden. Prof. Dr. W. Kornaszewski und Mitarbeiter an der Universitäts-Klinik in Kinshasa/Zaire haben 30 AIDS-Patienten mit Gesamt-Thymusextrakt (THYMEX-L) behandelt. Von diesen Patienten, die neben der Behandlung von opportunistischen Infektionen auch THYMEX-L erhielten, sind in der Beobachtungszeit von 8 Monaten 24 gestorben. Doch von den 32 AIDS-Kranken der Kontrollgruppe, die ohne THYMEX-L behandelt wurden, sind in dieser Zeit alle gestorben. Bei den mit THYMEX-L behandelten AIDS-Kranken zeigte sich eine auffallende Besserung des Allgemeinzustandes mit Stärkung einzelner Muskelpartien und Verschwinden des Juckreizes und Nachtschweißes sowie einer Überlebensquote von 20 %.

Anwendungsbereiche, Vorteile und Wirkungen der Therapie mit Thymusextrakten bzw. mit Thymusfaktoren

Die Extrakte lassen sich ultrazentrifugieren, um pathogene Mikroorganismen zu beseitigen, ohne durch diesen Prozeß an biologischer Aktivität zu verlieren; es lassen sich Filterprozeduren durchführen, um ebenfalls Mikroorganismen abzufangen bzw. sehr große Eiweißmoleküle aus den Extrakten zurückzuhalten.

Die Präparate können unbegrenzt wiederholt injiziert werden, ohne daß allergische Sofortreaktionen auftreten. Dabei gilt es zu berücksichtigen, was schon 1975 von T.D. LUCKEY postuliert worden ist, daß sich für die Wiederherstellung der Immunaktivität der Thymus-Lymphozyten besonders gut die Briesdrüsenextrakte von "xenogenen" Individuen eignen. "Xenogen" bedeutet von Tieren anderer Rassen. Es sollen sogar Unterschiede zwischen den Thymusdrüsen von männlichen und weiblichen Kälbern bestehen, weswegen in den Zubereitungslaboratorien meistens die Extrakte aus zahlreichen Briesdrüsen junger Schlachtkälber verwendet werden.
(Abb. 11 - Interaktionen zwischen T- und B-Lymphozyten und anderen Zellen des Immunabwehr-Systems)

Die Untersuchungen der polnischen Arbeitsgruppe um ALEKSANDROWICZ und SKOTNICKI an hämatologischen und onkologischen Patienten mit Hilfe von Thymusextrakten führte zu Versuchen mit Thymusgewebe von Patienten mit Myasthenia gravis, denen die Thymusdrüse operativ entfernt worden war. Diese Untersuchungen begannen bereits 1972.

Beobachtungen am Tuberkulose-Sanatorium in Zakopane konnten an 40 Tuberkulosekranken nach Verabreichung von Thymusextrakten eine Stärkung der zellulären Immunreaktionen und eine Verbesserung der hämatologischen Parameter konstatieren.

Die Ergebnisse der antituberkulösen Therapie konnten wesentlich verbessert und die hämatologischen Abbauprozesse weitgehend verhindert werden. (Ähnliche Beobachtungen machte bereits Anfang 1938 in Schweden SANDBERG.)

Es wurden zellfreie Thymusdrüsen-Extrakte von jungen Kälbern hergestellt, die letztlich die gleichen, wenn nicht sogar bessere Resultate erzielten.

Zudem ist es schwierig, Thymusgewebe von verstorbenen Neugeborenen oder Kindern zu gewinnen oder Operationspräparate zu erhalten.

Im Jahre 1973 wurde von der polnischen Pharmafirma POLFA in Jelenia Gōra eine Polypeptidfraktion (TFX) aus Kalbsthymusextrakt nach einem neuen Verfahren gewonnen und in Ampullen zur Verfügung der klinischen Therapeuten gehalten.

Nach Ausarbeitung einer entsprechenden Herstellungsvorschrift durch J. CZARNECKI und B. JASKOLSKI konnten schließlich ausreichende Mengen zur Therapie größerer Patientengruppen gewonnen werden.

Das Präparat TFX-Polfa gehört heute zur Standard-Ausrüstung auf polnischen Intensivstationen und Infektionsabteilungen zur Behandlung schwerer Viruserkrankungen, besonders der foudroyant verlaufenden Hepatitis und Enzephalitis. (Pers. Mitt. KICZKA)

Die physiko-chemischen Eigenschaften wurden untersucht und die biologisch-immunologischen Aktivitäten im Tierversuch untermauert.

Seit 1976 wurde von Pesič ein lyophilisierter Gesamt-Thymusextrakt/THYMEX-L mit einem breiten Indikationsspektrum in die Therapie eingeführt.

In jüngster Zeit haben KICZKA, DABROWSKI, DABROWSKA, JANKOVIC - um nur einige zu nennen - THYMEX-L vor und nach der Behandlung mit monoklonalen Antikörpern untersucht. So berichtete z.B. Dabrowska auf dem 7. Kongreß der Internationalen Gesellschaft für Thymusforschung e.V., Bad Harzburg, über die verblüffende Wirkung von THYMEX-L bei der chronischen rezidivierenden Keratitis profunda. Auf dem gleichen Kongreß berichteten JANKOVIC et al. ebenfalls über den Einfluß von THYMEX-L auf die Subpopulationen der T-Lymphozyten bei älteren Menschen und empfahlen es als Therapie der Wahl in der Geriatrie. Auch KICZKA hat insbesondere die Wirkung von Thymusextrakten (THYMEX-L) auf die Granulozyten und Makrophagen untersucht. Eine EDV-gestützte Datenbank (Institut für Wissenschaftliche Dokumentation, siehe Lit-Verzeichnis b. Neumeyer, G.), enthält z. Z. (1987) ca. 1 400 Originalarbeiten über Thymuswirkungen bei verschiedensten Krankheiten.

Wie aus der bisherigen Schilderung der Aufgaben der Thymusdrüse und aus der Auflistung einiger wesentlicher Krankheiten infolge Thymusschwäche entnommen werden kann, ist eine funktionsfähige

Thymusdrüse lebenslang von großer Bedeutung für die zentrale Steuerung der Abwehrfunktionen. Ohne die Erkennungsfunktionen der Thymus-Lymphozyten läßt sich das Selbst des Organismus auf Dauer nicht gegen Fremdes schützen. Thymus-Helfer- und Thymus-Suppressor-Lymphozyten spielen eine wesentliche Rolle für die Überwachung der B-Lymphozyten und für die ausreichende, nicht überschießende Produktion von Immunglobulinen.
(Abb. 8 - Mechanismen der Immunabwehr)

Für die Erkennung von Fremdmaterial, seien es Erreger, Parasiten, Pilze oder fremd gewordene, virusbefallene Körperzellen oder entstehende Tumorzellen, sind Thymus-Lymphozyten vom Typ der zytotoxischen Thymus-Killer-Lymphozyten in enger Zusammenarbeit mit Gewebsmakrophagen und natürlichen Killerzellen (NK-Zellen) von großer Bedeutung für die Gesundheit.

Die sehr lange Lebensdauer von Thymus-Gedächtniszellen ermöglicht allerdings auch ein Weiterleben in höherem Alter, wenn es bereits zu einer weitgehenden Verkleinerung der Thymusdrüse gekommen ist.

Nach BURNET bildet sich praktisch für jedes eindringende Antigen bzw. für jede antigene Determinante an den meist sehr heterogen beschaffenen Antigenen (Bakterienoberflächen, Pollenkörner, chemische Stoffe als Haptene, die mit Bluteiweißkörpern als "Carriern" zu Vollantigenen werden, opsonierte Viren usw.) ein entsprechendes Paratop. Nach Verdauung durch einen Makrophagen kann dieses Signal an Thymus-Helfer-Lymphozyten und über diese an B-Lymphozyten weitergegeben werden.

Diese B-Lymphozyten vermehren sich klonal und bilden nun als Plasmazellen die entsprechenden Paratope als Immunglobuline (Antikörper). So entstehen gegenüber Millionen möglicher Epitope aus der Umwelt ebenfalls Millionen spezifischer T- und B-Gedächtnis-Lymphozyten (memory cells), die beim Zweitkontakt mit dem spezifisch gleichen (oder mit einem ziemlich ähnlichen, "kreuzreagierenden"!) zu einer schnelleren sekundären Immunantwort durch raschere klonale Zellteilung führen. Diese Gedächtnisfunktionen werden offenbar durch Thymusfaktoren angeregt und gestärkt, was man z.B. beim Hauttest mit sog. "Wiederaufruf-Antigenen" (Recall-antigens vom Typ Tuberkulin, PPD, Röteln, Mumps, Candida, Dermatophytin usw.) testen kann. Bei darniederliegender Thymusaktivität bzw. bei niedrigen Thymusfaktoren-Spiegeln im Blut sind die Hautreaktionen vom verzögerten Typ negativ oder schwach ausgeprägt und bei voller Thymusaktivität voll vorhanden. Transplantate werden bei Versuchstieren, die Thymusfaktoren erhalten haben, abgestoßen. Diese Tiere sind gegenüber Fremdmaterial "intolerant".

Wenn die Thymusfunktion eingestellt ist oder wenn die Thymus-Lymphozyten durch Ductus thoracicus-Drainagen, durch Bestrahlungen oder durch toxische Zytostatika oder hohe Dosen von Kortisonen über längere Zeit hinweg geschädigt oder beseitigt worden sind, können Transplantate "angehen". Das ist z.B. für die "Transplantat-Chirurgie" von Bedeutung, wenn keine HLA-identischen Spender zur Verfügung stehen.

Künstliche Thymus-Suppression führt früher oder später zu schweren Viruserkrankungen oder zu generalisierten Pilzerkrankungen. Das ist die wahre Crux der Transplantat-Chirurgie. Als zusätzliche Zeitbombe müssen Patienten mit Transplantaten und toxischer Immun-Suppressions-Therapie auch später ein früheres Auftreten von

Karzinomen und vor allem Leukämien oder bösartigen Erkrankungen des Lymphsystems gewärtigen.

Zahlreiche chronische Erkrankungen, die auch infolge zunehmenden Alters immer häufiger auftreten, sind mit Defekten der Thymus-Lymphozyten verknüpft. Autoimmun- und Immunkomplexerkrankungen scheinen wesentlich öfter, als man es bisher annahm, mit den Leiden vergesellschaftet zu sein, deren Ursache man bisher mit dem Namen "idiopathisch", d.h. ohne erkennbare Ursache, bezeichnet hat. Immer deutlicher erhellt sich aus den immunologischen Forschungen mit monoklonalen Antikörpern, daß es sich gerade bei den im Alter zunehmenden Leiden (z.B. Arteriosklerose, Altersdiabetes, Arthrosis deformans, Spondylarthrosis deformans, chronische Nephritis, chronische Hepatitis, Amyloidosis, Krebsentstehung etc.) um Folgen von chronischen Virusinfektionen unbekannter Art handeln könnte. Diese Virusinfektionen sind nicht im akuten Stadium ("Ende mit Schrecken") ausgeheilt worden, weil zu der Zeit bereits keine genügende Immunabwehr bestanden hat.

Es gibt deutliche Hinweise darauf, daß auch die Multiple Sklerose durch derartige Viruseinflüsse zustande kommt. Wie die Zusammenhänge bei jugendlichen Allergikern und Autoimmunkranken liegen, ist noch Gegenstand der Forschung; jedoch wurde kürzlich in der Freiburger Kinderklinik mit THX-Injektionen bei drei Kleinkindern mit rheumatoider Arthritis eine wesentliche Besserung erzielt. Diese Besserung bezog sich insbesondere auf die Möglichkeit, bei den schwerkranken Kindern mit weniger Kortisonen und Antirheumatika auszukommen.

Ähnliche Beobachtungen können in den Praxen der Ärzte, die Thymusextrakte verwenden, immer wieder gemacht werden.

Es bestehen allerdings gewisse Unterschiede bei Rheumatikern, die wahrscheinlich durch unterschiedliche HLA-Strukturen der Zelloberflächen bedingt sind. So sprechen Bechterew-Kranke stets sehr gut auf Thymusextrakt-Therapie an, während ältere Patienten mit primär-chronischer Polyarthritis weniger zu reagieren scheinen.

Die Elimination von Körperzellen, die von Viren verändert worden sind, ist eine der wichtigsten Aufgaben der Thymus-Killer-Lymphozyten. Sie erkennen die Veränderung der Zelloberfläche nur im Zusammenhang mit den HLA-Markern der Körperzellen. Die Einflußnahme der Thymusextrakt-Therapie auf chronische Erkrankungen scheint insbesondere auf eine Stärkung der Helfer- und Suppressor-Balance und auf eine Anregung der Erkennungsfähigkeit der T-Killer-Lymphozyten zurückzuführen zu sein.

Diesen Einfluß kann man daher mit Fug und Recht als Immunmodulation bezeichnen.

Von Bedeutung ist die Schutzwirkung, die durch Anregung der Killerzell-Aktivität und durch Anregung der Interferon-Produktion hervorgerufen werden kann. Thymusextrakte regen insbesondere solche Killerzellen an, die gegen Tumorzellen gerichtete Aktivitäten aufweisen. Erkennen, Auffinden und Angreifen (Lysieren) von Krebszellen ist eine wichtige Aufgabe der Thymus-Lymphozyten im Zusammenspiel mit Phagozyten und natürlichen Killerzellen.

Seit Jahrhunderten wissen die Ärzte, daß Infektionen mit Bakterien oder Viren einerseits die Abwehr erheblich schwächen können (Beispiel:

Maserninfektionen legen monatelang die zelluläre Abwehr lahm, so daß Tuberkuloseinfektionen leichter angehen), daß aber infolge einer Paramunität (MAYR/STICKL) auch die Abwehrkräfte, vor allem die Phagozytose, auf Dauer erheblich angeregt werden können.

Um die Jahrhundertwende gab es Versuche verschiedener Forscher, Bakterienextrakte zur Fiebererzeugung bei Sarkom- und Krebskranken anzuwenden. Heute versucht man, durch Kombination von Lokalüberwärmungsprozeduren und Immunmodulation mit pflanzlichen oder tierischen Extrakten (z.B. Mistelextrakte, Gesamt-Thymusextrakte etc.) eine Immunabwehr aufzubauen, um parallel vor dem Einsatz von Operation, Bestrahlung und eventueller Hormonbehandlung und parallel zu zytostatischen Maßnahmen zu einer besseren und vor allem untoxischeren Überwindung der Krebskrankheit zu gelangen. Dabei spielen überdies noch Anregungsfaktoren für die Blutbildung im roten Knochenmark und Einflüsse auf das Zwischenhirn und die endokrinen Drüsen eine Rolle. (Auf diese Zusammenhänge wird am Schluß dieser Arbeit hingewiesen.)

Die Thymusextrakte

Die neueren Erkenntnisse über die immunmodulierenden Fähigkeiten von Gesamt-Thymusextrakten haben weltweit zur Suche nach Einzelfaktoren und Thymushormonen geführt. Diese Faktoren werden sowohl in der Thymusdrüse selber als auch im Blutplasma gefunden.

Es wurden inzwischen über zwanzig biochemisch charakterisierte Einzelfaktoren aus den gesamten Thymusextrakten isoliert (s.a. Abb. 9 u. 10).

Am intensivsten wurde das Thymosin-Alpha-1 genannte Derivat erforscht, das aus 28 Aminosäuren zuammengesetzt ist. A. L. GOLDSTEIN und Abraham WHITE haben diesen Faktor erstmals beschrieben. Es ist sogar gelungen, dieses Polypeptid synthetisch herzustellen. Allerdings stehen der klinischen Verwendung wesentliche finanzielle und methodische Schwierigkeiten entgegen; denn für die Darstellung von wenigen Milligramm Thymosin benötigt man mehrere Kilogramm Kälberthymusgewebe, oder es müssen sehr kostspielige Syntheseverfahren angewendet werden.

Der sogenannte Thymus-Humoral-Factor wurde in Israel (Rehovot) von N. TRAININ rein dargestellt. Als "Facteur Sérique Thymique" wurde von der Forschergruppe um J.F. BACH in Paris (Hôpital Necker) ein aus dem Serum extrahierbarer Thymusfaktor gewonnen. Dieser Extrakt wird heute als "Thymulin-Zine" bezeichnet.

Lymphozyten von gesunden Personen reagierten auf Thymusextrakte nicht in gleicher Weise. Auch Lymphozyten von Patienten, deren Gesamtzahl infolge eines Virusinfektes verringert war, zeigten in vitro keine wesentliche Veränderung durch TFX z.B.

Es konnte durch verschiedene Versuchsanordnungen sichergestellt werden, daß es sich bei den Thymusfaktoren um humorale Wirkungsträger handelt.
(Abb. 12 - Thymus-Helfer-Lymphozyten und Thymus-Suppressor-Lymphozyten in ihrer Funktion

als Regulatoren der Immunbalance zwischen Antigen- und Antikörper-Aktionen)

In der Thymusdrüse selber findet eine Differenzierung, eine Ausreifung von Prä-Thymus-Lymphozyten statt. Es kommt zur klonalen Proliferation von geschulten, mit dem HLA-System des Organismus eng vertrauten Stämmen von Thymus-Lymphozyten. Gleichzeitig wird in der Thymusdrüse im Bereich der Thymusepithelien eine Anzahl von Zellkininen produziert, welche im Sinne der Botenstoffe an entfernten Organen des Lymphsystems und des endokrinen Systems Wirkungen auslösen können. Es handelt sich fast ausschließlich um Faktoren, die im Plasma bzw. im Serum und in der Lymphe löslich sind. Insofern muß man die Thymusdrüse zu den Drüsen mit innerer Sekretion rechnen, zumal - wie es am Schluß gezeigt wird - alle Charakteristika einer endokrinen Drüse vorhanden sind.

Die Thymushormonspiegel sind im Kindesalter am höchsten. Nach Eintritt der Geschlechtsreife atrophiert die Thymusdrüse schrittweise, um im Alter von 50 bis 60 Jahren praktisch bis auf minimale Reste verschwunden zu sein (vgl. S. 32 und 34). Das legt den Gedanken nahe, daß die Thymusdrüse tatsächlich nur für eine relativ kurze Lebensspanne des jungen Menschen angelegt worden ist. Glücklicherweise haben aber einige Lymphozyten im Laufe der Evolution die Fähigkeit erlangt, gewisse "Gedächtnis-Funktionen" sehr lange aufzubewahren, so daß auch Leben nach dem 50sten Lebensjahr ohne wesentliche Thymusdrüsen-Funktionen noch möglich ist (s.a. Abb. 7).

Der Einfluß von Thymusfaktoren auf Lymphozyten in vitro macht sich bereits nach 30 bis 60 Minuten voll bemerkbar. Bei lymphatischen Leukämien konnte eine Normalisierung der Lymphozyten in bezug auf cAMP-Werte, die Aktivierung der Proteinkinasen und den Glykogengehalt festgestellt werden. Diese Beobachtungen korrespondieren mit dem niedrigen Spiegel an Thymushormonen bei Leukämiekranken.

Alterungsvorgänge und Thymusaktivität

Die Thymusdrüse wurde in früheren Zeiten gelegentlich als "Jugend-Erhaltungs-Drüse" bezeichnet. Tatsächlich erreicht die Thymusdrüse während der Kindheit ihre relativ zum Körpergewicht größte Ausdehnung. Mit Beginn der Pubertät setzt eine langsam fortschreitende Involution ein.

Mit dieser Atrophie der Thymusdrüse kommt es auch zum allmählichen Rückgang der Thymushormone im Blutserum. Gleichzeitig werden vermehrt Chromosomenschäden und Mutationsfolgen an Körperzellen beobachtet, und die Mechanismen der Zellreparatur erfolgen verlangsamt oder immer fehlerhafter.

Fehlgebildete, falsch informierte und fehlgesteuerte Körperzellen oder durch Virusinfekte veränderte und vom zellulären Immunsystem nicht genügend erfaßte sowie vom Phagozyten-System nicht mehr vernichtete Zellen jedoch führen zu Stoffwechselstörungen, zu Ablagerungen von fehlgebildeten Eiweißstoffen (z.B. Amyloid) und schließlich auch zum Persistieren der sich ständig bildenden Krebszellen.

Thymusschwäche (Defizienz der Thymusdrüse) geht regelmäßig mit Überschußproduktionen von Autoantikörpern und mit fehlerhafter Krebszell-Elimination einher.

Das Antikörper-Produktions-Niveau nimmt mit zunehmendem Lebensalter generell zu. Der Grund liegt dafür wahrscheinlich in der mangelnden Thymus-Suppressor-Funktion.

Thymustransplantate führen bei alten Versuchstieren zu typischen "Verjüngungseffekten". Auch verlängert sich die Überlebenszeit bei mit Thymusextrakt behandelten alten Versuchstieren signifikant.

Es werden zur Zeit Überlegungen angestellt, bei Kindern lebensfähige Thymus-Lymphozyten zu entnehmen, um sie bei minus 170 Grad C einzufrieren und bei Bedarf später zu re-infundieren. Wenn es nämlich gelänge, die Konditionen der Präpubertät ein langes Leben lang aufrechtzuerhalten, wäre ein alternder Organismus sicherlich länger lebensfähig, und die Lebensqualität würde sich länger erhalten lassen.

Die Anwendung der Thymusextrakte selber scheint für die Belange der Geriatrie jedenfalls ein durchaus sinnvolles therapeutisch-präventives Prinzip zu sein. Die Erfahrungen der Thymustherapeuten über viele Jahre können das bestätigen.

Im Zusammenhang mit der Krebskrankheit erhält die Funktion der Thymusdrüse und der von ihr ausgesonderten Hormone eine besondere Bedeutung.

Die Aufgaben der Thymusfaktoren bei der Bekämpfung von Krebszellen

Zahlreiche Beobachtungen sprechen für eine wichtige Rolle der Thymusfaktoren bei rechtzeitiger Erkennung der fremd werdenden ersten Krebszellen und bei deren aktiver Abwehr in den ersten Stadien der Entwicklung.

Wenn man normalen Mäusen postpartal, also gleich nach der Geburt, die Thymusdrüse operativ entfernt, so erkranken diese thymuslosen Mäuse wesentlich häufiger an Krebs als Mäuse, die mit einer normalen Thymusdrüse aufgewachsen sind (vgl. S. 35 - 37). Implantierte Geschwülste wachsen bei den thymuslosen Mäusen schneller ein, und sie führen früher zum Absterben dieser Mäuse. Durch regelmäßige Injektionen von Thymusextrakten erlangen jedoch diese thymuslosen Mäuse ihre natürliche Resistenz wieder zurück.

Sowohl das Entstehen von Spontankrebsen als auch das Angehen von Transplantatkrebsen ist bei Mäusen mit Thymusdrüsen oder bei thymuslosen Mäusen mit Injektionen von Thymusextrakten geringer.

New-Zealand-Nacktmäuse kommen von vornherein ohne Thymusdrüse auf die Welt. Auch diese zeigen Resistenz gegen Transplantatkrebse und geringere Entstehung von Spontankrebsen. Jedoch besteht anlagemäßig bei ihnen eine erheblich aktive Population von NK(natural Killer)-Zellen, die jede Fremdzelle sofort attackieren und auflösen. Insofern können diese Verhältnisse nicht unbedingt zum Gegenbeweis herangezogen werden, zumal auch die Phagozytose-Zellen bei der Krebsabwehr eine große Rolle zu spielen scheinen.

Bei Menschen mit geschwächter Immunabwehr entstehen signifikant häufiger Krebsgeschwülste, Leukämien oder Lymphgeschwülste (Lymphome). Bei Kindern mit einer angeborenen Mißbildung der Thymusdrüse ist die Gefahr der Krebserkrankung etwa 10 000 mal größer als bei Normalpersonen. Bei Organ-Transplantat-Empfängern (Herz, Leber usw.), die einer immunsuppressiven Therapie unterzogen worden sind, besteht eine etwa 100-fach größere Gefahr, daß es zu einer spontanen Krebsentstehung kommt.

Dabei gilt es zu bedenken, daß die Mehrzahl der zur Zeit angewendeten Zytostatika (Chemotherapie-Arzneimittel gegen Krebszellen) prinzipiell das gesamte Immunabwehr-System schädigen. Auch die Strahlentherapie sowie andere Strahlenschädigungen (z.B. Ultraviolett-Strahlen und ionisierende Strahlen) führen zu oft monatelangen Schädigungen und Hemmungen im Bereich des Abwehrapparates des Organismus.

Heute gilt als ziemlich sicher, daß sich Krebs bereits im Genom der normalen Körperzelle entwickeln kann, weil dort in den DNS-Molekülen Retroviren mit typischen Krebsinformationen Einzug gehalten haben. Jahrelang können die dort eingeschleusten Genom-Abschnitte quasi gesperrt in Ruhe verharren, bis Induktoren und Promotoren aus der Umwelt (Strahlen, chemische Gifte, Nahrungsgifte usw.) bewirken, daß diese Krebsgenome nun spezielle Wachstumsproteine freisetzen. Diese Proteine führen einerseits zum ungebremsten, wilden Wachstum der Krebszellen, andererseits scheinen die gleichen Proteine auch für die "Verschleierung" der Krebszellen gegenüber der Immunabwehr verantwortlich zu sein.

Es kommt bei fortschreitendem Krebswachstum immer zu einer Überproduktion von Fibrinschleiern und Narbengewebe im Bereich der Geschwülste und Metastasen, und die Antikörper gegen Krebszell-Oberflächen nehmen zu. Dennoch beobachtet man bei Krebs- und Leukämiekranken fast regelmäßig eine sehr ausgeprägte Schwäche der zellulären, insbesondere der thymusabhängigen zellulären Abwehr.

Durch Verstärkung dieser zellulären Abwehr mit Injektionen von Thymusextrakten und Interferon-Inducern sowie mit unspezifischen Reizen zur Anregung der Phagozytose-Kapazität können bei noch nicht weit fortgeschrittenen Krebsformen oder bei weitgehend operierten Krebsformen wesentliche Besserungen erzielt werden.

Diese Art der Immunmodulation ist allerdings nicht mit jenen fraglichen und schon fast überholten Methoden zu vergleichen, die heute noch von Onkologen mit Hilfe von BCG-Impfungen oder Übertragungen lebender Bakterien versucht werden. Die Nebenwirkungen dieser Methoden sind fast genauso schlimm wie diejenigen der Chemotherapie.

Adjuvante Krebstherapie

Voraussetzung für eine erfolgreiche Therapie ist die möglichst restlose Beseitigung des primären Tumorgewebes, zusätzliche Bestrahlungen mit geeigneten Strahlen (z.B. Linearbeschleuniger, Lokal-Hyperthermie-Verfahren) und schonende Zytostase unter ständiger Begleitung der

Thymus-Therapie, eingebettet in weitere Therapiemaßnahmen, wie etwa hochdosierte Vitamin-A-Therapie, Ascorbinsäure, Hormone, Spurenelemente (Zink, Selen etc.), Sauerstoff-Mehrschritt-Therapie etc.

Schonung des Gesamtorganismus und möglichst selektive Schädigung der Krebszellen sind das eigentliche Ziel der Immunmodulations-Therapie nach dem Vorbild von SANDBERG und von ARDENNE.

Durch langzeitig fortgesetzte Verabfolgung von Thymusextrakt-Injektionen konnten wesentliche Besserungen bei Kindern und Erwachsenen mit verschiedenen Leukämieformen und bei unterschiedlichen Krebserkrankungen erzielt werden. Wesentlich ist dabei die Tatsache, daß es in keinem der vielen behandelten Fälle zu Nebenwirkungen oder Schädigungen gekommen ist. Dagegen konnte man Verlängerungen der Überlebenszeiten konstatieren. Die Lebensqualität der so Behandelten gestaltete sich im Vergleich zu adjuvativ mit höheren Chemotherapie-Dosen Behandelten wesentlich günstiger. Entsprechende Beobachtungen sind z.B. an der II. chirurgischen Klinik in Krakau von POLITOWSKI, TUROWSKI und CYBULSKI gemacht worden. Es liegen inzwischen aus zahlreichen Kliniken in aller Welt Veröffentlichungen über günstige Wirkungen bei onkologischen Leiden vor. (Lit.: Neumeyer, G.)

Die Blutbildung im Knochenmark wird durch Thymusfaktoren günstig beeinflußt.

Nach totaler Entfernung der Thymusdrüse kommt es zu einem Rückgang der Lymphozytenzahlen, der Erythrozyten- und der Granulozyten-Vorstufen im roten Knochenmark. Das Knochenmark der Versuchstiere ohne Thymusdrüse zeigt Zeichen der Knochenmarkshemmung (Hypoplasie).

Die Vermehrung und Ausreifung der Knochenmarksstammzellen ist eingeschränkt. Es besteht nur noch eine begrenzte Fähigkeit zur Regeneration des blutbildenden Gewebes.

Bei vorbestrahlten Tieren kann dieses "thymuslose Knochenmark" auch keine Regeneration der Funktionen hervorrufen. Dagegen führte das Knochenmark von Mäusen, die vorher Thymusextrakte injiziert bekamen, regelmäßig bei vorbestrahlten, knochenmarkslosen, thymuslosen Mäusen zur Restitution der Knochenmarksfunktionen.

Die humoral in das Knochenmark gelangenden Thymushormone üben dort einen fördernden Einfluß auf Vermehrung und Ausreifung aus (koloniestimulierende Faktoren, CSF).

Wenn aktivierte Thymus-Lymphozyten zu Knochenmarks-Transplantaten hinzugefügt werden, kommt es zum besseren Angehen und zum besseren Funktionieren dieser Knochenmarks-Transplantate. Dadurch werden die Überlebenschancen bei vorbestrahlten Tieren vergrößert.

Thymus-Lymphozyten, die ausreichend durch Thymusfaktoren aktiviert worden sind, übernehmen wichtige Funktionen bei der Blutbildung.

TFX beeinflußt beispielsweise die Koloniebildungen von Knochenmarksstammzellen in vitro sehr deutlich. Es werden durch TFX sowohl die erythrozytären, die granulozytären als auch die lymphozytär-monozytären Zell-Linien stimuliert (Untersuchungen von A. GORSKI).

Durch Anwendung des TFX bei Kranken mit primärer und sekundärer Insuffizienz des Knochenmarkes, die bis dahin keine Reaktionen bei konventioneller Therapie gezeigt hatten, konnte die Vermehrung der Stammzellen im Knochenmark bei gleichzeitiger Verbesserung der peripheren Blutwerte festgestellt werden.

Bestrahlungsfolgen werden durch regelmäßige Verabfolgung von Thymusextrakt deutlich abgemildert. Das betrifft auch die Thrombozytogenese im Knochenmark.

Die Regeneration des lymphatischen wie des myeloischen Zellsystems wird angeregt.

Bei bestrahlten Versuchstieren konnte eine signifikante Verlängerung der Überlebenszeit nach Verabfolgung von TFX oder von Thymosinfraktionen festgestellt werden (Amerikanische Veröffentlichungen mit Thymosin-Fraktionen von A.L. GOLDSTEIN und Mitarbeitern).

Die negativen Folgen einer Strahlen-Chemotherapie konnten bei Krebskranken durch den Einsatz von Thymusextrakten erheblich eingegrenzt werden.

Beziehungen zwischen Autoimmunerkrankungen und der Thymusdrüse

Die Grundlage der Autoaggressionsleiden ist eine gestörte Toleranz der immunpotenten Thymus-Lymphozyten gegenüber körpereigenen Zelloberflächen-Antigenen, die man daher auch als Auto-Antigene bezeichnet.

Normalerweise überleben im Kontakt mit Thymusdrüsen-Epithelien nur solche Thymus-Lymphozyten, die in der Lage sind, das körpereigene Zell-Oberflächen-Erkennungssignal zu definieren und ein Leben lang zu respektieren. Es handelt sich dabei um das HLA-System, das zuerst an humanen Leukozyten als Zelloberflächen-Antigen erkannt worden ist, das jedoch auf allen Körper- und Gewebszellen vorkommt. Mit absinkendem Spiegel an Thymusfaktoren im Blutserum kommt es immer häufiger zur Bildung fehlinformierter Thymus-Helfer-Lymphozyten, die dann schon bei geringen Oberflächenveränderungen, z.B. nach Virusinfektionen bestimmter Gewebe, die B-Lymphozyten zur Proliferation und zur Produktion von Auto-Antikörpern veranlassen. Schon normalerweise entstehen Auto-Antikörper gegen Autoantigene. Das aber ist ein Vorgang, der als Regulativ für die "Reinhaltung" des Organismus durch die Immunabwehr gelten kann. Sobald ein eventuell entstandener Überschuß an Antikörpern gegen Viren, Bakterien, Pilze oder Parasiten gebildet worden ist, setzt die Funktion der Thymus-Suppressor-Lymphozyten ein, welche die Thymus-Helfer-Lymphozyten hemmen und ebenso hemmend auf die Produktion der B-Lymphozyten (Plasmazellen) einwirken, sofern sie mit genügenden Informationen seitens der Thymusdrüse und ihrer Faktoren ausgestattet sind. Neuerdings hat man auch Anti-Suppressor-Lymphozyten aufgefunden, die nun wiederum bei Überaktivitäten der Suppressor-Zellen ihre Arbeit aufnehmen.

Man erkennt, daß es ein fein abgestimmtes Balance-Gefüge zwischen fördernden und hemmenden Einflüssen gibt, die alle mehr oder weniger unter dem Kommando der Thymusfaktoren stehen.

Bei Thymomen und nach Thymektomie kann es zur Enthemmung der Antikörper-Produktion kommen.

Ebenso leiden ältere Menschen mit geringer Thymusfunktion an Autoaggressionen, die sich u.a. als Kollagenosen, Lupus erythematodes, rheumatoide Arthritis, Sklerodermie und Raynaud-Syndrom darstellen.

Vor allem sind es Virusinfektionen, welche durch Zelloberflächen-Veränderungen den zytotoxischen Lymphozyten die Gelegenheit geben, aktiv durch Zell-Lyse einzugreifen. Im elektronenmikroskopischen Bild sieht man, daß die Killerzellen derartig veränderte Körperzellen torpedoartig angreifen und zerstören. Damit werden diese mit Viren befallenen Zellen dem phagozytären System ausgeliefert, das sowohl die Zelle als auch die Viren abtötet. Das alles ist als normaler Abwehrvorgang anzusehen, der noch durch die Tatsache gefördert wird, daß sich dabei Interferon bildet, um andere, benachbarte Körperzellen vor dem Eindringen der Viren zu schützen.

Ob ein Organismus fähig ist, eine derartig sinnvolle und aktive Schutzreaktion durchzuführen, kann man daran erkennen, ob an der Haut die Überempfindlichkeitsreaktionen vom verzögerten Typ (z.B. Multitest-Mérieux[(R)] kann auf Privatrezept aus jeder Apotheke für DM 36,-- bezogen werden) positiv ausfallen. Wenn das der Fall ist, so funktioniert sehr wahrscheinlich der zytotoxische und der phagozytäre Abwehrmechanismus. Es ist inzwischen klar, daß die Injektion von Thymusfaktoren diese Hautreaktionen aus der Negativität zum Positiven umwandeln kann.

Ein durch Thymusmangel geschwächtes Abwehrsystem dagegen führt zu unvollkommenen Reaktionen gegen veränderte Zelloberflächen.

Es darf nicht außer acht gelassen werden, daß auch Zytostatika, ionisierende Strahlen und verschiedene Antibiotika zu Zellveränderungen führen können, die letztlich ähnliche fehlgeleitete Abwehrmechanismen auslösen.

Schließlich ist nicht zu unterschätzen, daß Überschußproduktionen von Antikörpern (Immunglobulinen) auch zu Ablagerungskrankheiten führen und sich letztlich auch hinter dem

"Schild der verschleiernden Proteine" Tumorzellen ungehindert vom zellulären Abwehrsystem entwickeln können.

Zu den autoaggressiven Erkrankungen zählt man in letzter Zeit immer mehr Krankheiten, deren Ursachen man vormals noch nicht genauer analysieren konnte.

Autoaggressions-Reaktionen spielen sich häufig im Bereich der Bindegewebe und der Gelenke ab. Auch werden die Auskleidungen (Endothelien) der Blutgefäße in Mitleidenschaft gezogen, so bei der chronischen Nierenentzündung und bei typischen Gefäßkrankheiten, wie Morbus Raynaud, Periarteriitis nodosa oder Panarteriitis. Immunkomplexe scheinen dabei eine Rolle zu spielen. Aber auch Organkrankheiten des Gehirns (Enzephalitis), des Knochenmarkes, der Leber und der Drüsen mit innerer Sekretion können durch Autoaggressionen ausgelöst bzw. unterhalten werden. Die chronischen Darmkrankheiten (Colitis ulcerosa und Morbus Crohn) kommen mit Sicherheit durch Autoaggressionen infolge bakterieller Zellschäden zustande.

Da in Krisensituationen, z.B. bei der autoaggressiven Hepatitis im progressiven Stadium, die Autoaggression lebensbedrohlich werden kann, sind seitens der Klinik verschiedene immunsuppressive Therapieversuche unternommen worden.

So versucht man, mit Hilfe von Cyclosporin A die Thymus-Helfer-Lymphozyten auszuschalten, oder man drainiert den Lymphabflußkanal, den Ductus thoracicus, in welchem sich die Lymphozyten der zellulären Abwehr vornehmlich befinden.

Man versucht auch bei der rheumatoiden Arthritis, durch Bestrahlung aller Lymphknoten das überaktive Abwehr-Lymphsystem zu vermindern, und schließlich sind auch heroischere Ganzkörper-Bestrahlungen und große Chemotherapie-Zyklen immer wieder gegen Autoaggressionskrankheiten eingesetzt worden.

Die Erfolge solcher, in sich selber auf Dauer wiederum lebensbedrohenden Prozeduren, sind als mäßig einzuschätzen. Sie retten vorübergehend das Leben der Betroffenen, vermindern jedoch ihre Lebensqualität durch schwerste Nebenwirkungen erheblich, wovon Haarausfall und Erbrechen, Blutungen, Durchfall und Nervenstörungen nicht einmal die schlimmsten sind.

Dabei ist zusätzlich zu bedenken, daß durch ionisierende Strahlen und durch chemotherapeutische Gifte, welche das Zellwachstum hemmen, früher oder später die Gefahr der Zweitkrebsentstehung (Leukämien, Lymphome) aufkommt. So sind diese Folgeerkrankungen heute die gefürchtetste Spätfolge solcher Therapiemaßnahmen. Sie werden jedoch genauso in Kauf genommen wie die früher häufig auftretenden Penicillinschocks mit tödlichem Ausgang, da ja diese Maßnahmen alle unter dem Schutzmantel der wissenschaftlichen Medizin durchgeführt werden.

Die Beeinflussung der Fortpflanzungsfähigkeit wird dabei meistens noch als Positivum gewertet; weniger günstig sind die Leber- und Nierenschädigungen oder die oft bleibenden Knochenmarksschäden.

Da die eben geschilderten Therapiemaßnahmen die eigentliche Ursache der Autoaggressions-Krankheiten nicht an der Wurzel beheben können, sind es nur symptomatische Hilfstherapiemaßnahmen. So werden Gelenkschwellungen, entzündliche Reaktionen an Blutgefäßen und Organen durch den Einsatz von Kortisonderivaten lediglich unterdrückt, jedoch nie geheilt.

Für die Dauerbehandlung der Autoimmunerkrankungen jedoch sollten solche Arzneimittel angewendet werden, von denen bekannt ist, daß sie an der Wurzel des Übels angreifen.

Durch ausreichend hohe Dosen von Thymusextrakten können die Thymus-Suppressor-Lymphozyten ihre hemmende Funktion zurückerhalten. Ebenso werden die zytotoxischen T-Killer-Lymphozyten wieder mit molekularen Thymusinformationen versorgt, so daß ihre fehlgeleitete Aggressivität gemildert wird.

Mit Hilfe der schon mehrfach erwähnten Hauttests zur Prüfung der Überempfindlichkeitsreaktionen vom verzögerten Typ, einer Hautrötung und Verhärtung, die zwei Tage nach Einritzen von bekannten Antigenen (Mumps, Röteln, Tuberkulin, Candida-Antigen, Dermatophytin, Streptokokken-Antigen etc.) bei positivem Ausfall einsetzt, können Abwehrschwächen des zellulären Typs nachgewiesen werden. Bei Autoimmunkranken und bei Krebskranken sowie bei Menschen mit Altersabbau findet man stets negative Tests. Auch wirken Bestrahlungen, Anaesthesie-Maßnahmen und Operationen, Verletzungen und akute Infektionen (z.B. Masernvirus u.ä.) deutlich schwächend auf die zelluläre Abwehr und die damit verbundenen Regulationsmechanismen ein. Nach ausreichender Verabfolgung von Thymusextrakten können sich die Hauttests wieder normalisieren.

Interessant ist, daß die Thymus-Suppressor-Lymphozyten ähnliche Oberflächen-Marker aufweisen wie die zytotoxischen T-Killer-Lymphozyten. Sie scheinen aus einer gemeinsamen Thymus-Lymphozyten-Population zu stammen. Daher kann durch die Prüfung der zellulären Abwehr an der Haut womöglich auch auf die Aktivität der Thymus-Suppressor-Lymphozyten geschlossen werden.

Die Thymus-Therapie kann als kausale Behandlung der Autoimmunerkrankungen betrachtet werden. Anders als beispielsweise die Wirkung von

Kortikoiden, die ja auch die Thymus-Helfer-Lymphozyten hemmen und damit zu einer Verminderung der Bildung von Autoantikörpern in B-Lymphozyten beitragen, greifen die Thymusfaktoren direkt bei jenen Lymphozyten an, die wirklich auf Dauer die Überschußproduktionen eingrenzen können, ohne dabei den Organismus durch Knochenentkalkung oder Cushing-Schwellungen zu schädigen.

Die Erfahrungen, die bereits an Tausenden von Patienten in Schweden und inzwischen auch an fast ebensovielen deutschen, jugoslawischen und polnischen Patienten gemacht worden sind, sprechen dafür, daß sich mit intermittierenden, jedoch oft über mehrere Jahre fortgesetzten Injektions-Zyklen mit Thymusextrakten eine große Zahl bisher therapieresistenter Krankheiten behandeln läßt und daß dabei weder schwere Nebenwirkungen noch Organschädigungen zu erwarten sind.

Dabei ist es eine erfreuliche Beobachtung, daß sich die Thymus-Therapie besonders gut als nicht toxische Schutztherapie für solche Therapieformen erwiesen hat, die sonst nachweislich

Knochenmarks- oder Organschädigungen hervorrufen. Vor und nach Bestrahlungszyklen angewendet, vor und nach Operationen, vor, während und nach Zytostase-Therapie-Zyklen entwickeln regelmäßige Injektionen von Thymusextrakten eine deutliche Schutzwirkung mit eindeutiger Verbesserung des allgemeinen Befindens und wesentlich geringeren Organschäden. Diese Therapierichtung verdient es daher, von der Klinik künftig ernst genommen zu werden, zum Wohle der betroffenen Patienten.

Die endokrinen Wirkungen der Thymusdrüse ...

bedürfen einer zusätzlichen Erwähnung, da es sich bei der Thymusdrüse sicherlich ebenfalls um eine Drüse mit innerer Sekretion handelt. (Abb. 13 - Das Thymusorgan als Teil der neuroendokrinen Regulation)

Als Beweis für die Hormonwirkungen im Sinne der Endokrinologie werden folgende Beobachtungen herangezogen:

Thymuslosen Mäusen kommt während der Gravidität eine diaplazentare Übertragung von Thymushormonen, die vom heranwachsenden Feten gebildet werden, zugute. Die Schwangerschaft von neonatal thymektomierten Mäusen (NTx) beugt der Entstehung des vollen Kachexie-Syndroms vor (OSOBA 1965). Die Überlebenszeit dieser Mäuse wird erheblich verlängert, die Abstoßungsreaktionen von Fremdimplantaten werden wesentlich beschleunigt. Die Zahl der E-Rosetten bildenden Thymus-Lymphozyten wird unter dem Einfluß der diaplazentar anflutenden Fetal-Thymushormone vermehrt. Die Immunreaktivität der thymuslosen Mütter wird unter dem Einfluß der Thymushormone der Feten wieder hergestellt. Phantomschwangerschaft bewirkt solche Veränderungen dagegen nicht. Der Thymushormongehalt schwangerer Mäuse ist infolge der Produktion ihrer Feten höher als bei nicht schwangeren thymuslosen Kontrolltieren.

Kinder mit angeborenem Thymusmangel (vgl. S. 39 f.) zeigen in den ersten Wochen nach der Geburt noch einen gewissen Thymushormon-Spiegel, der sicherlich aus dem mütterlichen Blut stammen dürfte und diaplazentar auf den Feten übertragen wurde. Daher bestehen anfangs noch zelluläre Abwehrreaktionen, die jedoch nach kurzer Zeit wieder zurückgehen.

Nach Thymektomie kommt es zur generellen Resistenzschwäche. Die Kachexie-Krankheit (runt-disease) ist die direkte Folge des durch Thymusmangel entstehenden Immundefizites. Das gesamte endokrine System wird dadurch ebenfalls stark beeinflußt.

Die Folgen der Totalentfernung der Thymusdrüse können durch Thymusdrüsen-Transplantationen von HLA-identischen oder kompatiblen Spendern, durch Implantationen von Kammern mit permeablen Membranen, durch welche nur die Thymus-Peptide hindurchgelangen können, durch Injektionen von Thymus-Epithelzellen und durch Injektion von zellfreien Thymusextrakten vollständig kompensiert werden.

Die Thymusdrüse ist nur über die Blutbahn mit dem übrigen Körper verbunden. Sie ist aus dem gleichen embryonalen Kiementaschenbereich wie etwa die Schilddrüse oder die Nebenschilddrüse entstanden. Es gibt daher zahlreiche Verbindungen der Wirkungen. Thymusextrakte fördern z.B.

die Produktion von Schilddrüsenhormonen, was bei Neigung zum Morbus Basedow zu berücksichtigen ist. Thymusextrakte scheinen einen kalziprivien Faktor zu enthalten, der zum Abfall des Blutkalzium-Spiegels beitragen kann. Ebenso wirken Thymusextrakte bei insulinpflichtigen Diabetikern insulin-einsparend, und es gibt Nachweise für die Einwirkung auf das Zwischenhirn-Hypophysen-System und vielleicht über diesen Weg auch auf die Drüsen mit Sexualfunktionen.

Alles in allem ist die Thymusdrüse vornehmlich ein epitheliales Drüsenorgan, in welchem sich allerdings sehr viele Lymphozyten aufhalten.

Die gemeinsame embryogene Abstammung aus der 3. und 4. Kiementasche bewirkt z.B. beim DI-GEORGE-Syndrom eine angeborene Aplasie oder Dysplasie der drei Organe Thymusdrüse, Schilddrüse und Nebensschilddrüsen im Halsbereich. Bei Wegfall der Thymuswirkung kann es zur Überschußproduktion von Nebennierenrindenhormonen kommen. Thymushyperplasie kann mit Schilddrüsenüberfunktionen, mit Akromegalie und mit Nebennierenrinden-Insuffizienz einhergehen.

Neuerdings wurde eine gewisse Ähnlichkeit zwischen der ACTH- und der Thymuswirkung festgestellt.

Wenn die Nebennieren und die Sexualdrüsen operativ entfernt worden sind, kommt es zu einer hilfsweisen Vermehrung der Thymushormone mit Einflüssen auf die ACTH-Bildung in der Hypophyse sowie zu einer gesteigerten Bildung des Wachstumshormones und der Schilddrüsenhormone Thyroxin und Trijodthyronin.

Die Thymusfaktoren oder Thymushormone gelangen in das Blut und kommen weit entfernt von ihrem Entstehungsort zur Wirkung. Damit handelt es sich bei der Thymusdrüse um eine Drüse mit innerer Sekretion. Thymushormone können bei Fehlen der Thymusdrüse die Funktionen dieses Organes voll ersetzen. Thymushormone spielen eine Rolle bei der Adaptation anderer Hormone im Körper, vor allem ACTH, Releasing-Hormone, STH und FSH. Extrakte aus der Thymusdrüse und Extrakte aus dem Blut zeigen ähnliche Wirkungen. Beide Extrakte enthalten auch Peptide wie sie in der Hirnanhangsdrüse (ACTH, TSH, STH, LH, FSH), der Bauchspeicheldrüse (Insulin, Glukagon) und den Nebenschilddrüsen (Parathormon) nachgewiesen werden.

Diese Peptidhormone weisen ein Molekulargewicht zwischen 1 000 und 27 000 Dalton auf. Ähnlichkeiten mit Neuropeptiden und Peptiden aus Keratinozyten der Haut scheinen zu bestehen.

Die Blutspiegel können im Radio-Immun-Assay bestimmt werden. Mit zunehmendem Alter nehmen die Thymushormonspiegel im Blut langsam ab, bei konkreten pathologischen Zuständen (z.B. Virusinfektionen, Operationen, Bestrahlungen etc.) fallen sie rascher ab. Wenn die Thymusdrüse operativ entfernt wird, sinkt der Thymushormonspiegel sehr rasch ab, und die Areale, in denen normalerweise die Thymus-Lymphozyten in Milz und Lymphknoten nachgewiesen werden, bleiben leer. Wenn jedoch die Milz und die Lymphknoten ausgeschaltet werden, bleiben die Thymushormonspiegel normal.

Extrakte aus den Thymusdrüsen verschiedener Tiergattungen zeigen ähnliche, wenn nicht sogar identische Wirkungen beim Menschen und bei anderen Tierarten. Das kann sowohl in vitro als auch in vivo nachgewiesen werden. T.D. LUCKEY meinte sogar in dem von ihm editierten Buch "Thymic Hormones" (1975), daß xenogene Thymusextrakte eine günstigere Wirkung ausübten als Extrakte der gleichen Tierart.

Die typischen Thymushormonwirkungen zeigen sich bereits im Mikrogramm-Bereich. Die Wirkungen im endokrinen Bereich sind nach einer Injektion vorübergehender Art, jedoch kommt es auch bei mehrfachen Wiederholungen nicht zu Kumulierungen oder Abschwächungen.

Im Bereich der Anregung von Thymus-Lymphozyten-Funktionen, also im eigentlichen Bereich der zellulären Immunabwehr, scheinen die Wirkungen von Thymusextrakt-Injektionen über längere Zeit anzuhalten.

Insgesamt betrachtet, erfüllt die Thymusdrüse die Kriterien, die von SUTHERLAND postuliert worden sind, um eine endokrine Drüse zu charakterisieren, die ectozellulär wirkende Hormone sezerniert (JAMA 124, 1970:1281): Es kommt z.B. zur Bildung des cAMP (3',5'-AMP) an der Membraninnenseite der Zielzelle nach Kontakt mit dem Peptidhormon, d.h. das cAMP wirkt als "second messenger". Unter Methylxanthin kommt es zur Blockierung eines das cAMP abbauenden Enzyms (Phosphodiesterase) und damit zu einer Steigerung der Hormonwirkung in der Zelle. Zusammen mit der Förderung der immunogenen Kompetenz von Zielzellen (Milzzellen z.B.) wird eine cAMP-abhängige Proteinkinase in den Zielzellen vermehrt nachgewiesen.

Aus diesen und zahlreichen anderen Beobachtungen kann gefolgert werden, daß die Thymusdrüse eine immunologische Steuerungsfunktion direkt auf das zelluläre Thymus-Lymphsystem ausübt und dadurch auch im Sinne der Thymus-Helfer-Lymphozyten-Funktionen auf die Antikörper-Immunglobulin-Produktions-Kapazität des B-lymphozytären Systems einen fördernden Einfluß ausübt, darüber hinaus aber auch einen regulierend hemmenden Faktor besitzt, der sich über Thymus-Suppressor-Lymphozyten und Thymus-Anti-Suppressor-Lymphozyten auswirkt.

Durch Thymushormone werden andere Gewebshormone (Lymphokine, Monokine) angeregt, die für das gesamte zelluläre Abwehrsystem eine bedeutende Rolle spielen. Das Interleukin-I z.B. stellt das Verbindungsglied zwischen Makrophagen und Thymus-Lymphozyten dar. Auch die Interferonproduktion wird dadurch positiv beeinflußt.

Von besonderer Bedeutung für die Immunabwehr ist das von T-Lymphozyten produzierte IL-2 (Interleukin-2), das neuerdings auch in größeren Mengen hergestellt werden kann. Es bleibt abzuwarten, ob dieser Stoff sich bewähren wird. Die Erfahrungen der Thymustherapeuten sprechen dafür, daß es günstiger ist, die IL-2-Produktion durch Thymusfaktoren selber anzuregen. Das gleiche gilt natürlich auch für die anderen Lympho- und Zytokine, die als Signalstoffe wirken (z.B. MAF, MIF, CSF, TNF, Leukoregulin etc.).

Die zweite Rolle der Thymusdrüse hängt mit der Anregung und Überwachung oder Regulierung von endokrinen Drüsenfunktionen zusammen. COMSA hat mehrfach betont, daß zur Erforschung der Thymusfunktionen eigentlich nur der Auslaßversuch infrage kommt und daß die Thymushormone oder thymusfaktoren-ähnlichen Wirkstoffe nur am thymuslosen Individuum auszutesten seien.

Als wichtigste Aufgabe der Thymusdrüse ist die Erziehung der Thymus-Lymphozyten im Hinblick auf die Einhaltung der Toleranz gegenüber dem körpereigenen Zellmaterial anzusehen. Das nimmt eine längere Zeit in Anspruch. Die "Schulung" der aus dem Knochenmark einwandernden T-Lymphozyten findet praktisch über 12 bis 14 Jahre bis hin zur Geschlechtsreife beim Menschen statt. Später übernehmen T-Gedächtnis-Lymphozyten Teile dieser Informationsarbeit.

Gleichzeitig müssen die Thymus-Lymphozyten aber auch Fremdmaterial als "fremd" erkennen und die entsprechenden Abwehrmaßnahmen dirigieren.

Die bisherigen Erfahrungen mit der Injektion von Gesamt-Thymusextrakten von jungen Schlachtkälbern haben inzwischen an einem sehr großen Patientenmaterial einerseits die immunologisch relevanten Einflüsse erwiesen, andererseits aber auch die neuro-endokrin-vitalisierenden Effekte subjektiv wie objektiv erhärtet. Die von SANDBERG schon 1968 beschriebenen breit gefächerten Indikationsgebiete werden nun im Lichte neuerer Forschungen immer verständlicher.

Enzyme sowie andere biologisch relevante Proteine und Peptide der Thymusdrüse

von E. Zoch

Die Thymusdrüse, die Bestandteil des neuroendokrinen Systems ist und gelegentlich als "Gehirn" der körpereigenen Abwehr bezeichnet wird, spielt bei der Überwachung des Immunsystems sowie bei der Reifung und der Differenzierung der aus dem Knochenmark stammenden Vorläuferzellen der immunkompetenten T-Lymphozyten eine zentrale Rolle. Dabei werden T-Lymphozyten mit unterschiedlichen Spezialfunktionen ausgestattet - wie Helferzellen, Suppressorzellen, zytotoxische Zellen, Gedächtniszellen - und diese sind vor allem für die zellgebundene Immunität, aber auch für eine intakte humorale Immunität verantwortlich. Dabei werden etwa 95 % der sogenannten T_0-Zellen in der Thymusdrüse durch Phagozytose zerstört, und nur 5 % der Vorläuferzellen werden zu den langlebigen, funktionstüchtigen und immunkompetenten T-Zellen geprägt, die nun in den peripheren lymphoiden Geweben die Abwehr in Kooperation mit B-Lymphozyten und NK-Zellen sowie mit Monozyten, Granulozyten und Makrophagen gegen Viren, Pilze, Bakterien sowie gegen Neoplasmen garantieren, aber andererseits auch für die Transplantat-Abstoßung verantwortlich sind. Die verschiedenen T-Lymphozyten-Typen sind durch unterschiedliche Oberflächenantigene gekennzeichnet und mit entsprechenden Antikörpern (OKT_n) nachweisbar.

Welche Faktoren sind maßgebend an den intrathymischen Differenzierungsvorgängen bzw. extrathymischen Regulationen sowie der Wechselbeziehung mit dem Endokrinium beteiligt? Welche Mechanismen spielen bei diesen komplexen Vorgängen eine Rolle? Diese Fragen können nur dann einer zufriedenstellenden Lösung zugeführt werden, wenn es gelingt, die einzelnen funktionstypischen Peptide, Proteine und Enzyme der Thymusdrüse, die natürlich auch in die Grundvorgänge des Energiestoffwechsels und des Funktionsstoffwechsels eingebettet sind, biochemisch und physiologisch zu charakterisieren. In der vorliegenden Arbeit soll eine gestraffte Übersicht über die bisher näher untersuchten, biologisch wichtigen Inhaltsstoffe des Thymus vermittelt werden.

Zur Isolierung bzw. zur Untersuchung der genannten Inhaltsstoffe werden vor allem Thymusdrüsen juveniler Kälber verwendet. Wenden wir uns zunächst den Enzymen zu, also denjenigen speziellen Proteinen mit katalytischen Funktionen, die in den Thymuszellen die mannigfaltigen biochemischen Reaktionen katalysieren und deshalb unentbehrlich sind.

Tabelle 1: Enzyme im juvenilen Kälberthymus [5, 6, 7, 8, 9]

Ribonukleotidreduktase
Terminale Desoxynukleotidyl-Transferase (TdT)
DNA-Kinase; Hypoxanthin-DNA-Glykosylase
Histon-Acetyltransferase
Ribonuklease HI; Desoxyribonuklease

5'-Nukleotidase
Adenosindesaminase (ADA)
Purinnukleosidphosphorylase (PNP)
Methylthioadenosinphosphorylase (MTA-P)

Endopeptidasen (Proteasen)
Exopeptidasen
α-D-Galactosyltransferase
Neuraminidase
Glucose-6-Phosphatdehydrogenase
Superoxiddismutase (SOD)
Glutathionreduktase
Protein-Carboxy-O-Methyltransferase
Phosphatasen
Transaminasen

Die in Tabelle 1 aufgeführten Enzyme Ribonukleotidreduktase, terminale Desoxynukleotidyl-Transferase, DNA-Kinase, Hypoxanthin-DNA-Glykosylase, Histon-Acetyltransferase katalysieren Reaktionsschritte bei der Bildung sowie bei der Reparatur der DNA (Desoxyribonukleinsäuren), welche bekanntlich die genetisch determinierte Information für die Biosynthese der für den Stoffwechsel unentbehrlichen Eiweißmoleküle liefern. Darunter fallen natürlich auch die an der Oberfläche der T-Lymphozyten exponierten Proteine sowie Thymushormone, z.B. das homöostatische Thymushormon. Die terminale Desoxynukleotidyltransferase (TDT) ermöglicht die Verlängerung der DNA-Kette durch Einführung von Mononukleotiden an ein DNA-Primärmolekül und ist ein spezifischer intrazellulärer Marker für unreife Lymphozyten im hämatopoietischen System. Eine Bedeutung für die Regulation der Genexpression hat die Histon-Acetyltransferase.

5'-Nukleotidase, Adenosindesaminase, Purinnukleosidphosphorylase und Methylthioadenosinphosphorylase sind Enzyme des Purinstoffwechsels, die auch für die Bildung von Funktionsträgern der zellulären Energieversorgung von Bedeutung sind und die auch mittelbar in die

Bildung der Nukleinsäuren eingeschaltet sind und somit schließlich auch die Produktion von Proteinen beeinflussen.

So führt z.B. ein genetisch bedingter Defekt der Adenosindesaminase zu einer schweren kombinierten Schädigung im B- und T-Zellensystem. Adenosindesaminase (ADA), die in der Thymusdrüse in mehreren Isomeren vorkommt und dort relativ hohe katalytische Aktivitäten aufweist, katalysiert die hydrolytische Desaminierung von Adenosin und Desoxyadenosin unter Eliminierung von Ammoniak zu Inosin bzw. zu Desoxyinosin. ADA sorgt für den Abbau der Adenosinschwelle und fungiert so als Auslöser der Purinbiosynthese. Die durch einen ADA-Mangel auch hervorgerufene Akkumulation von Desoxyadenosin führt u.a. zur vermehrten Bildung von dATP, welches die notwendige Methylierung von Nukleotiden zu Desoxynukleotiden hemmt und damit die DNA-Bildung unterbindet.

Es konnte eindeutig nachgewiesen werden, daß im Thymus keine Purinnukleosidhydrolasen, sondern ausschließlich gruppenspezifische Purinnukleosidphosphorylasen (PNP) sowie eine spezifische Methylthioadenosinphosphorylase vorliegen. Die gruppenspezifische PNP katalysiert die phosphorolytische Spaltung von Inosin, von Desoxyinosin, von Guanosin, ebenso von Desoxyguanosin unter Bildung von Hypoxanthin und Guanin unter Freisetzung von Ribose-1-phosphat bzw. von Desoxyribose-1-phosphat. Das Enzym kommt in allen Zellfraktionen vor, wobei im Cytosol die höchste PNP-Aktivität gemessen wurde. Ein Fehlen der Purinnukleosidphosphorylase bzw. ein Mangel an diesem Enzym verursacht eine selektive Störung im T-Zellensystem [1].

Ein besonders interessanter Befund betrifft das Vorkommen einer spezifischen Methylthioadenosinphosphorylase, die ausschließlich in der Kernfraktion (ca. 35 %) und in der Cytosolfraktion (ca. 65 %) lokalisiert ist. Dieses Enzym (MTAP) katalysiert die phosphorolytische Spaltung von Methylthioadenosin zu Adenin und zu Methylthioribose-1-phosphat. Methylthioadenosin wird u.a. bei der Biosynthese der Polyamine gebildet, die an der Stabilisierung der DNA-Struktur beteiligt sind. Im Gegensatz zum Adenosin verläuft der Abbau des Methylthioadenosins nicht über die Desaminierung sondern auschließlich über eine phosphorolytische Spaltung. Wahrscheinlich hat die MTA-Phosphorylase regulatorische Funktionen im intrathymischen Purinstoffwechsel zu erfüllen und ist wesentlich an der Bereitstellung von Adenosin beteiligt, welches dann zu AMP umgewandelt werden kann.

Die nachgewiesenen Endopeptidasen und Exopeptidasen sind für den zellulären Proteinabbau maßgebend. Wir konnten im Kälberthymus eine Elastase, eine Ca-aktivierte neutrale Protease, Aminopeptidasen, Leucylpeptidasen sowie eine Prolinase und eine Prolidase nachweisen. Experimentelle Befunde deuten darauf hin, daß Vertreter dieser Enzyme auch bei der Bildung und Modulierung von Thymuspeptidhormonen eine Rolle spielen.

α-D-Galactosyltransferase und Neuraminidase sind in den Aminozuckermetabolismus eingeschaltet, dem eine besondere Bedeutung bei der Bildung der an den Zellmembranen der verschiedenen T-Lymphozyten exponierten Glykoproteine zukommt. Diese Glykoproteine haben bei den Immunvorgängen eine Schlüsselfunktion.

Das Vorliegen einer Superoxiddismutase (SOD), welches die Dismutierung des freien Superoxid-

Anionradikals, die bei einer Reihe von enzymatischen Reaktionen in der Zelle entstehen kann, zu Wasserstoffperoxid und Sauerstoff katalysiert ($2O_2^{\bullet} + 2H^+ \longrightarrow O_2 + H_2O_2$), konnte in der Cytosol-Mikrosomenfraktion sowie in der Mitochondrienfraktion nachgewiesen werden. Dabei ist der Anteil der SOD-Aktivität in den Mitochondrien bei weitem am höchsten. Die experimentellen Befunde deuten darauf hin, daß es sich dabei um zwei verschiedene SOD-Enzyme - sogenannte Isoenzyme - handelt, nämlich um eine kupfer-zinkhaltige SOD, die im Cytosol vorkommt, sowie um eine mitochondriale manganhaltige SOD. Die Bedeutung der relativ hohen thymischen SOD-Aktivität wird u.a. dahingehend diskutiert, daß die aeroben Thymuszellen, vor allem auch die Zellmembranen der eingelagerten Thymozyten, vor einer Schädigung durch das außerordentlich reaktionsfreudige Superoxidradikal geschützt werden. Die gefundene SOD-Aktivität steht möglicherweise auch mit der phagozytotischen Aktivität intrathymaler Makrophagen im Zusammenhang. Den gleichen Hinweis liefert das Vorkommen der Protein-Carboxy-O-Methyltransferase, welche für die Leukozyten-Chemotaxis verantwortlich ist.

Glucose-6-Phosphatdehydrogenase ist als Schlüsselenzym für die Produktion von solchen Wasserstoffverbindungen (NADPH) verantwortlich, die für Redoxsysteme - dafür spricht auch das Vorkommen von Glutathionreduktase und von Glutathion - sowie für Biosynthesen benötigt werden. Hier ist möglicherweise auch an die Synthese von (spezifischen?) Thymosteroiden zu denken.

Tabelle 2: Spezielle Proteine im juvenilen Kälberthymus [10, 11]

Histamin-Rezeptorproteine H_1	50.000 D
H_2	40.000 D
DNA-binding Protein	27.000 D
DNA-RNA-Helix-destabilisierendes Protein	20.000 D
DNA-Synthese-regulierende Faktoren	10.000 D

Die in Tabelle 2 genannten speziellen Proteine stellen keine Enzyme dar, sondern es sind Proteine mit regulativen Funktionen bei der Nukleinsäurebildung. So stimuliert das DNA-binding Protein die DNA-Polymerase-Aktivität.

Das DNA-RNA-Helix-destabilisierende Protein bewirkt die Umwandlung von inaktiven RNA-Konformeren in aktive RNA-Konformere. Die Histamin-Rezeptorproteine wurden an den Thymozytenmembranen lokalisiert. Histamin vermittelt verschiedene physiologische Reaktionen über das Membranrezeptorsystem.

In der Tabelle 3 sind die wichtigsten Peptide und Proteine, die man bisher aus Kälberthymusdrüsen isoliert hat, zusammengefaßt.

Tabelle 3: Aus juvenilem Kälberthymus isolierte Peptide und Proteine mit biologischen Aktivitäten [12, 13, 14]

ca. Daltons	Bezeichnung
307/612	Glutathion
600	TP-5-Pentapeptid
1000	Thymulin (FTS) Zn
2000	Thymosin α_7
3100	Thymosin α_1

ca. Daltons	Bezeichnung
3400	Thymic Humoral Factor (THF)
4000	Thymosin β_4
5300	Thymosin α_4
5600	Thymopoietin II
6000	Thymone B
6000	Thymone C
7000	Thymone A
10.000	TSGF
15.000/16.000	HTH
17.000	LSH_h
80.000	LSH_r
57.000/68.000 (120.000)	Hypokalzämische Proteine

Es ist eine Vielfalt von Faktoren mit Molekülmassen von etwa 300 D hin bis über 100.000 Dalton. Das Tripeptid Glutathion vermittelt den L-Alanin-Transport in Lymphozyten und scheint essentiell für die allogene und mitogene Stimulierung zu sein. Alle weisen spezifische oder unspezifische physiologische und immunologische Wirkungen auf, wobei offenbar unter den niederen Peptiden und Polypeptiden wie TP-5 oder das Zn-haltige Nonapeptid Thymulin (Facteur sêrique thymique) oder Thymosin α_1 und auch THF spezifische thymische Wirkungen im Hinblick auf die Entwicklung der T-Zellen aus Vorläuferzellen sowie im Hinblick auf die Differenzierung und die Modulierung (Aktivierung und Hemmung) der verschiedenen T-Lymphozyten-Typen festzustellen ist. Besonders gut untersucht sind TP-5 (als Thymopentin bzw. Timunox im Handel), Thymulin und Thymosin α_1, die übrigens auch synthetisch erhältlich sind. Ein Mangel oder gar ein Fehlen der genannten Thymusfaktoren führt zur Immunschwäche oder zur Immundefizienz. Eine Erkrankung des Immunsystems aber begünstigt die Entwicklung von Krebserkrankungen. Inzwischen ist es ZEPPEZAUER und REICHHART gelungen, das Homöostatische Thymushormon (HTH) rein darzustellen und große Teile seiner Aminosequenzen aufzuklären. HTH besteht aus den beiden Komponenten HTH-α und HTH-ß mit den Molekülmassen um ca. 15.000 - 16.000 D, welche identisch sind mit dem Histon-H2A-H2B-Komplex. HTH behebt in Versuchstieren die Folgen der Thymektomie und übt auch darüber hinaus unterschiedliche Wirkungen auf das endokrine System aus. Es wirkt als Antagonist der Schilddrüse, der Nebennierenrinde und der Gonaden und als Synergist der Hypophyse, insbesondere des Wachstumshormons. Ein typisches Beispiel also für die Wechselwirkung eines Thymushormons mit anderen endokrinen Organen. Außerdem scheint HTH auch die Entwicklung der strahleninduzierten Leukämie zu verhindern [2, 3, 4]. Wahrscheinlich ist zumindest ein Teil der aktiven niederen Peptidfaktoren als Fragmente von höhermolekularen Thymushormonen aufzufassen.

Die gründliche Kenntnis der einzelnen Peptid- und Proteinfaktoren der Thymusdrüse und deren Wirkungsweisen in biochemischer, endokrinologischer und immunbiologischer Hinsicht bietet allein die Gewähr für eine gezielte und wissenschaftlich fundierte Therapie mit Thymuspräparaten.

Literatur

1 Hirschhorn R., Martin D.W., (1979), Enzyme Defects in Immunodeficiency Disease. In: Cooper M.D., Lawton A.R., Miescher P.A., Müller-Eberhard H.J. (Hrsg.) Immun Deficiency. Springer Verlag Berlin-Heidelberg-New York, S. 65-87

2 Comsa J. (1980), Thymushormone. Med. Welt 31, 533-536

3 Reichhart R., Zeppezauer M., Jörnvall H. (1985), Preparation of HTH. Proceedings of Natl. Academy of Sciences, USA, 82, 4871-4875

4 Reichhart R., Zeppezauer M. et al. (1985) Primary Structure of two Polypeptides chains from preparation of HTH. FEBS Letters 188, 63-67

5 Arvy L. (1973), Enzymology of the Thymus. In: Graumann W., Neumann K. (Hrsg.), Handbuch der Histochemie. Gustav Fischer Stuttgart, S. 143-188

6 Van Halbeek, Vliegenthart J.F. (1983), α-D-Galactosyltransferase-Aktivity. In: Calfthymus, Biochem. Biophys. Res. Commun. 110, 124-131

7 Zoch E. (1979), Enzymaktivität im wäßrigen Gesamt-Kalbsthymusextrakt und ihre mögliche Bedeutung für die Immunität. Erfahrungsheilkunde 11, 898-902.
Zoch E. (1980), Untersuchung der Enzymaktivitäten im gesamtwasserlöslichen Kalbsthymusextrakt THX, Erfahrungsheilkunde 12, 105-108

8 Garth H., Zoch E. (1986), Isolierung der Adenosindesaminase aus Kalbsthymus. Publikation in Vorbereitung

9 Zoch E., Langner T., Schwenk M., Emanuel P. Bieringer C. (1987), Peptidasen, Purinnukleosidphosphorylase, MTA-phosphorylase, Superoxiddismutase, Neuraminidase im Kalbsthymus. Publikation in Vorbereitung

10 Osband M., Mc. Caffrey R. (1979), Histamine H_1 und H_2 Receptors from Calf Thymocyte Membranes. J. Biol. Cem. 254, 9970-9972

11 Riva S., Clivio et al. (1980), DNA-Binding Proteins from Calf Thymus, Biochem.Biophys. Res. Commun. 96, 1053-1062

12 Luckey T.D. (1981), Review of Thymic Hormones. Mikroökologie und Therapie 11, 125-130

13 De Vita V. jr. (1983), Thymic Factors and Hormones, Nat. Canc. Inst. Monograph 53, 107-137

14 Goldstein A.L. (Hrsg.), Thymic Hormones and Lymphokines (1984), Plenum Press. New York-London

Abbildungen 1 - 13

(Grafiken: Dr. med. Jost Dumrese, D-7967 Bad Waldsee)

Abb. 1

Panorama der Immunabwehr

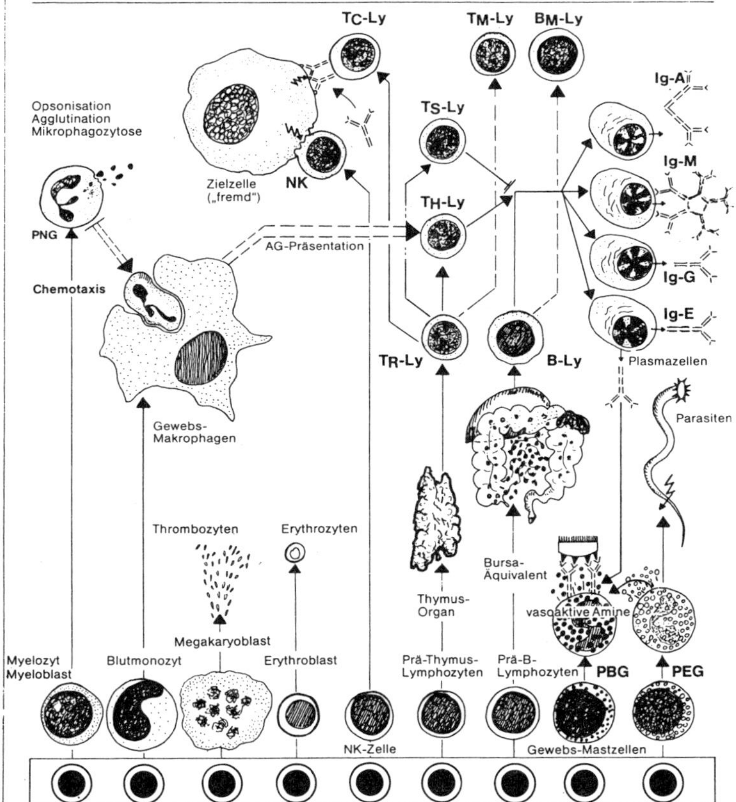

PNG = polymorphkernige neutrophile Granulozyten, PBG = polymorphkernige basophile Granulozyten und Gewebs-Mastzellen, PEG = polymorphkernige eosinophile Granulozyten, NK-Zellen = Natural Killer-Cells, T_C-Ly = Thymus-„Killer"-Lymphozyten (antigenabhängig und HLA-abhängig), T_M-Ly = Thymus-Gedächtnis-Lymphozyten, B_M-Ly = Bursa-Gedächtnis-Lymphozyten, T_R-Ly = Reife Thymus-Lymphozyten, B-Ly = Reife B-Lymphozyten, T_H-Ly = Thymus-Helfer-Lymphozyten, T_S-Ly = Thymus-Suppressor-Lymphozyten

Abb. 2

Primäre Lymphorgane

Knochenmark

Bildungsstätte aller Immunzellen

Prä – Thymus – Lymphozyten

Prä – B – Lymphozyten

Die Abwehrfunktionen sind abhängig von der Funktionsfähigkeit der im Knochenmark proliferierenden Stammzellen.

Thymus

Im Thymusorgan werden die Thymus-Lymphozyten geprägt. Die Rindenschicht enthält dichtgepackt unreife, sich rasch teilende Lymphozyten. Im Markgebiet herrschen retikuläre, dendritische und epitheloide Zellen sowie Hassal'sche Körperchen vor.

Bursa Äquivalent

(GAL = gastrointestinal associated lymphoid tissue)

(Bursa Fabricii bei Vögeln)

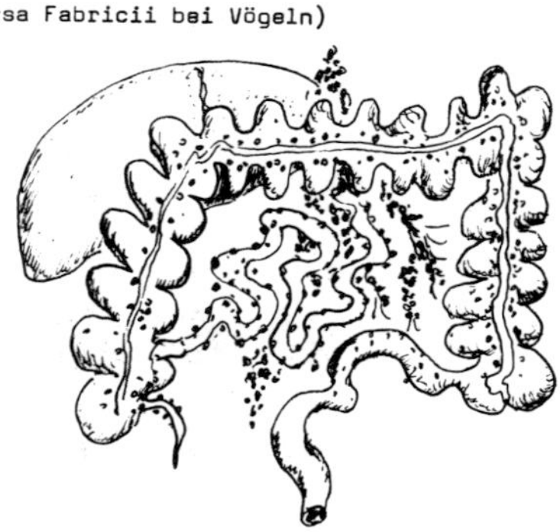

In der Bursa Fabricii, einem lymphoiden Organ im Bereich der Kloake von Vögeln, werden die B-Lymphozyten für ihre Aufgaben geschult. Bei Säugetieren und beim Menschen erfolgt die Prägung zu B-Lymphozyten und den sich daraus entwickelnden Plasmazellen im Bereich der gastrointestinalen Lymphknoten (Peyer'sche Plaques, "Darmtonsillen", Mesenterial-Lymphknoten, auch Bildungsstätten im Bereich der Leber und der Milz werden diskutiert).

Abb. 3

SEKUNDÄRE LYMPHORGANE

Die Unterscheidung in primäre und sekundäre Lymphorgane ist insofern schwierig, als insbesondere im Bereich der gastrointestinalen Lymphorgane (wie z.B. Peyer'sche Plaques, die Gebiete der sogenannten "Dome" im Bereich der Darmschleimhaut, die Mesenterial-Lymphknoten, die Lymphorgane im Bereich der Leber und auch Anteile der Milz) zu den Bursa-Äquivalenten im Sinne der primären Lymphorgane gerechnet werden.

Zu den sekundären Lymphorganen werden vornehmlich die Milz, die mesenterialen und die peripheren Lymphknoten und die Tonsillen gerechnet.

Verbindungswege von den Gewebezellen entsprechen den Lymphspalten sowie den Lymphgefäßen und der Ductus thoracicus, durch den hauptsächlich die Lymphe aus den gastrointestinalen Bereichen dem venösen Schenkel des Blutkreislaufes wieder zugeführt wird.

Im Bereich der sekundären Lymphorgane finden sich Thymus-Lymphozyten an bestimmten Orten (z.B. im Parakortex der Milz oder in den parakortikalen Anteilen der Lymphknoten).
Die B-Lymphozyten sammeln sich meistens im Bereich der Lymphfollikel.

Immunologisches Gedächtnis

Lymphozyten besitzen eine lange Lebensdauer. In Form der Gedächtnis-Lymphozyten speichern sie alle Erinnerungen an bereits erlebte antigene Kontakte und halten diese Erinnerungen bei Sekundärkontakt mit dem Antigen zur Sofortaktion bereit. Lymphozyten zirkulieren im Blut, dringen in alle Gewebe und besonders in die sekundären Lymphorgane ein, um von dort über die Lymphgefäße und den Ductus thoracicus wieder in das Blut zurückzukehren. Besonders in den sekundären Lymphorganen - Lymphknoten und Milz - kommt es zum engen Zell-zu-Zell-Kontakt zwischen den Lymphozyten und den Makrophagen etc., wobei ein molekularer Oberflächen- und Transfer-Faktoren-(Lymphokine, Monokine etc.)Austausch stattfindet.

Im Bereich der Atmungs- und der Verdauungsorgane kommt der Organismus ständig in Berührung mit Erregern und Fremdproteinen. In diesen findet die Ersterkennung von Antigenen statt. Sehr rasch werden diese Signale von Makrophagen und Lymphozyten in alle Körperregionen verbreitet. Dort kommt es zur Antigen-Präsentation und zur Bildung von Antikörpern (Immunglobulinen) gegen Antigene. Durch Antigen-Antikörper-Interaktionen (z.B. Immunkomplexe) werden auch kleine Fremdpartikel erfaßt und der Phagozytose zugeleitet.

Abb. 4

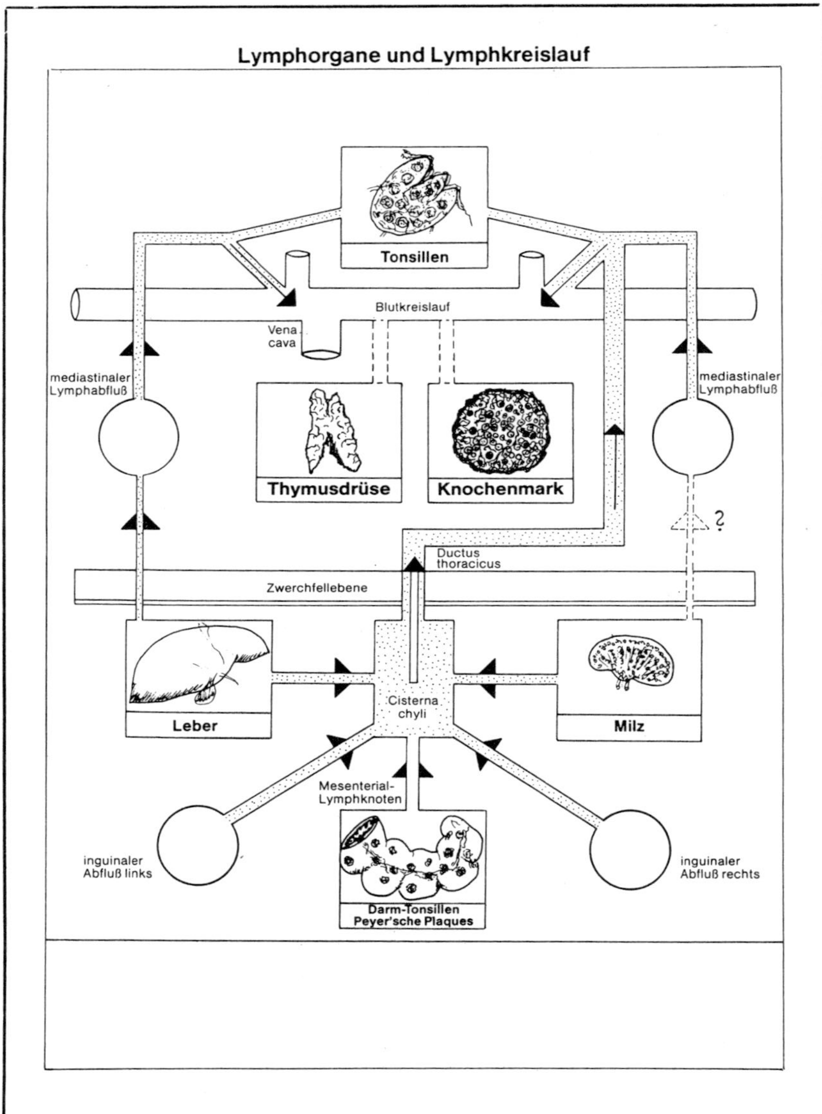
Lymphorgane und Lymphkreislauf
Tonsillen
Blutkreislauf
Vena cava
mediastinaler Lymphabfluß
mediastinaler Lymphabfluß
Thymusdrüse
Knochenmark
?
Ductus thoracicus
Zwerchfellebene
Leber
Cisterna chyli
Milz
Mesenterial-Lymphknoten
inguinaler Abfluß links
inguinaler Abfluß rechts
Darm-Tonsillen Peyer'sche Plaques

Abb. 5

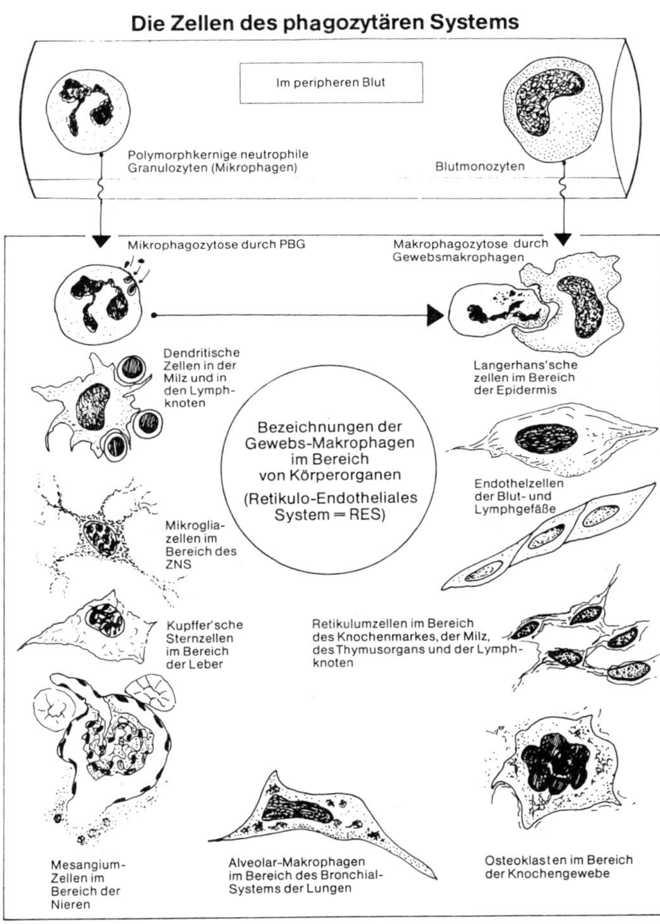
Die Zellen des phagozytären Systems
Im peripheren Blut
Polymorphkernige neutrophile Granulozyten (Mikrophagen)
Blutmonozyten
Mikrophagozytose durch PBG
Makrophagozytose durch Gewebsmakrophagen
Dendritische Zellen in der Milz und in den Lymphknoten
Langerhans'sche zellen im Bereich der Epidermis
Bezeichnungen der Gewebs-Makrophagen im Bereich von Körperorganen
(Retikulo-Endotheliales System = RES)
Endothelzellen der Blut- und Lymphgefäße
Mikrogliazellen im Bereich des ZNS
Kupffer'sche Sternzellen im Bereich der Leber
Retikulumzellen im Bereich des Knochenmarkes, der Milz, des Thymusorgans und der Lymphknoten
Mesangium-Zellen im Bereich der Nieren
Alveolar-Makrophagen im Bereich des Bronchial-Systems der Lungen
Osteoklasten im Bereich der Knochengewebe

Abb. 6

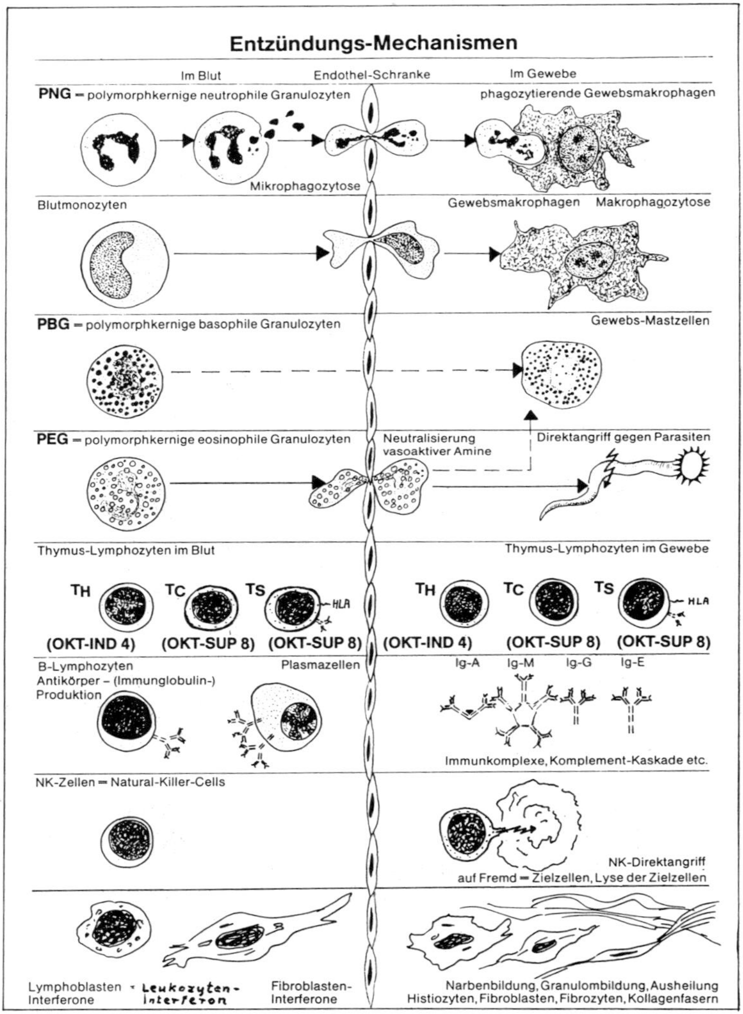
Entzündungs-Mechanismen
Im Blut
Endothel-Schranke
Im Gewebe
PNG = polymorphkernige neutrophile Granulozyten
phagozytierende Gewebsmakrophagen
Mikrophagozytose
Blutmonozyten
Gewebsmakrophagen
Makrophagozytose
PBG = polymorphkernige basophile Granulozyten
Gewebs-Mastzellen
PEG = polymorphkernige eosinophile Granulozyten
Neutralisierung vasoaktiver Amine
Direktangriff gegen Parasiten
Thymus-Lymphozyten im Blut
Thymus-Lymphozyten im Gewebe
TH
TC
TS
HLA
(OKT-IND 4)
(OKT-SUP 8)
(OKT-SUP 8)
TH
TC
TS
HLA
(OKT-IND 4)
(OKT-SUP 8)
(OKT-SUP 8)
B-Lymphozyten
Antikörper – (Immunglobulin-)
Produktion
Plasmazellen
Ig-A
Ig-M
Ig-G
Ig-E
Immunkomplexe, Komplement-Kaskade etc.
NK-Zellen = Natural-Killer-Cells
NK-Direktangriff
auf Fremd = Zielzellen, Lyse der Zielzellen
Lymphoblasten-Interferone
Leukozyten-Interferon
Fibroblasten-Interferone
Narbenbildung, Granulombildung, Ausheilung
Histiozyten, Fibroblasten, Fibrozyten, Kollagenfasern

Abb. 7

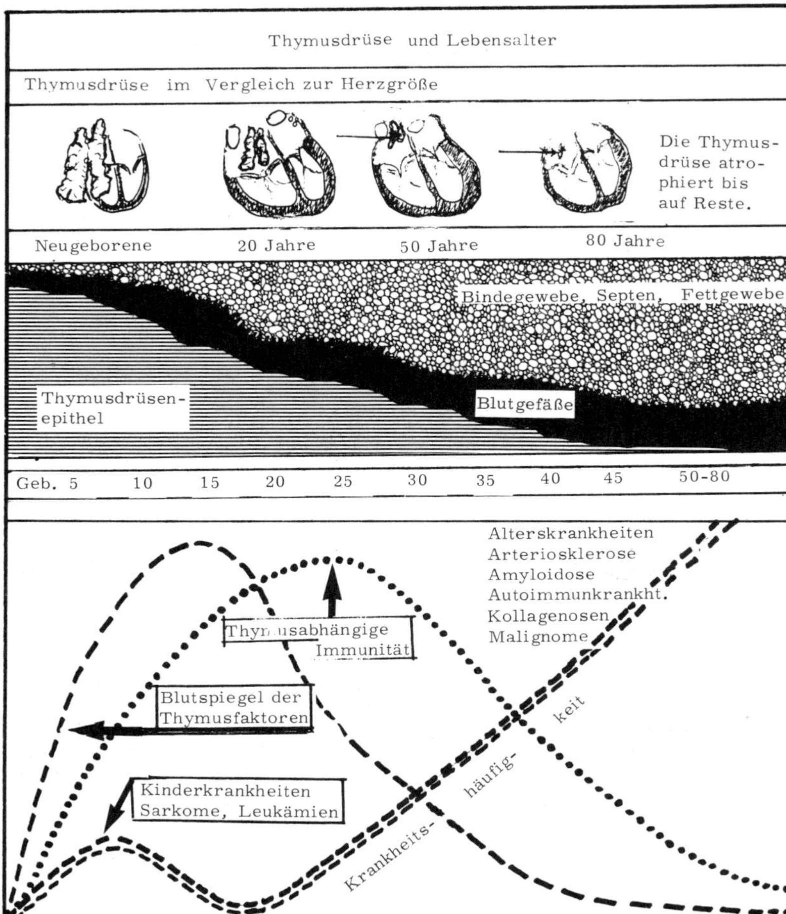

Kurz nach der Geburt sind Säuglinge besonders empfindlich gegenüber Infektionen, da das thymusabhängige Abwehrsystem und die Antikörperproduktion noch nicht entwickelt sind. In dieser Zeit können sich Malignome entwickeln. Thymusdefizienzen führen zu schweren Immunschwächen. Es wird vermutet, daß Atopien, Allergien und Autoimmunleiden in der Jugend auf Thymus-Suppressor-Lymphozyten-Defizienzen zurückzuführen sind.

Abb. 8

Mechanismen der Immunabwehr

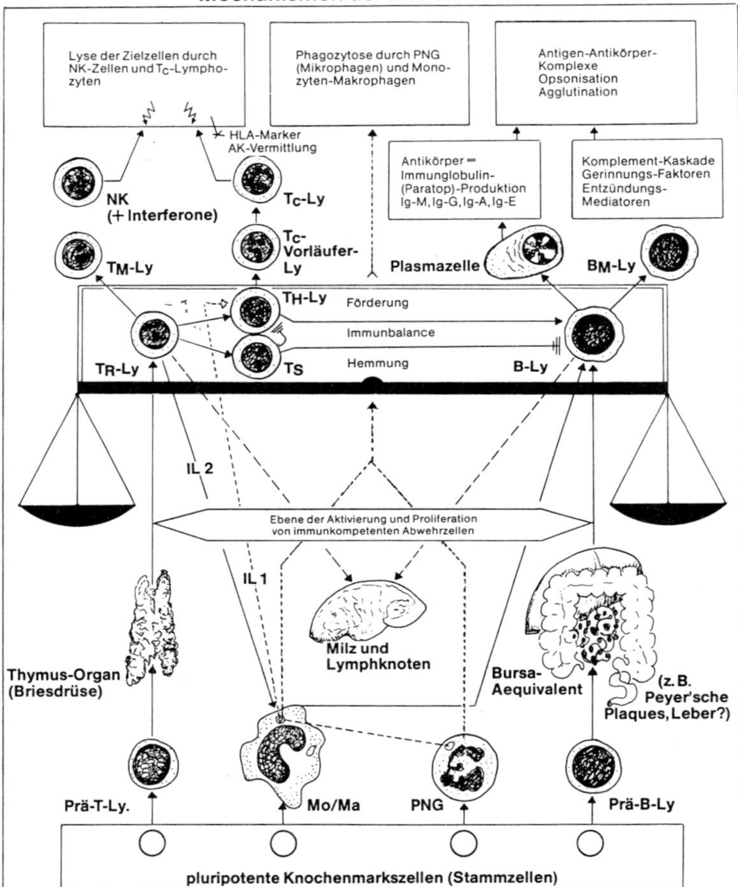

NK-Zellen = Natural Killercells, T_C-Ly = Thymus-„Killer"-Lymphozyten = zytotoxische Thymus-Lymphozyten (antigenabhängig und HLA-abhängig) lysieren Zielzellen. T_M-Ly = Thymus-Gedächtnis-Lymphozyten, B_M-Ly = B-Gedächtnis-Lymphozyten. T_R-Ly = reife Thymus-Lymphozyten, T_H-Ly = Thymus-Helfer-Lymphozyten, T_S-Ly = Thymus-Suppressor-Lymphozyten, B-Ly = Bursa-Lymphozyten, Prä-T-Ly = Thymus-Präkursor-Zellen, Prä-B-Ly = Bursa-Präkursor-Zellen. Mo/Ma = Blutmonozyten und Gewebsmakrophagen, PNG = polymorphkernige neutrophile Granulozyten.

Abb. 9

T h y m u s f a k t o r e n

Die meisten bisher untersuchten Thymusextrakte sind Rohextrakte gewesen. Erst seit etwa 1980 ist die Synthese des Thymosin Alpha 1 gelungen.

Der Wert eines Thymusextraktes ist am günstigsten im Überlebenstest bei thymuslosen Jungtieren festzustellen. Ferner kann die Funktion eines aufgefundenen Thymusfaktors an seinem Einfluß auf die Immunantwort, z.B. Förderung der Reifung von Prä-B-Lymphozyten oder Prä-Thymus-Lymphozyten zu reifen Effektor-Lymphozyten beurteilt werden.

Die wichtigsten Thymusfaktoren

Bezeichnung	Autor	Mol.Gew.
Thymosin	Goldstein, A.L.	14000
Humoral Thymic Factor	Trainin, N.	900
Homeostatic Thymushormone	Comsa, J.	22000
Thymopoietin I und II	Goldstein G.	7000/1000
Facteur Thymique Sérique	Bach, J.F.	5000
Lymphocyte Stimulating Fact.	Luckey, T.D.	27000
Thymosterin	Potop,I.,Milcu,S.	400

Abb. 10

Lymphokine und Reaktionen sensibilisierter Thymus-Lymphozyten

SRF = Skin Reactive Factor = Haut-reaktiver-Faktor

Der hautreaktive Faktor der Thymus-Lymphozyten induziert nach Hautkontakt Überempfindlichkeitsreaktionen vom Typ 4 = zellvermittelte Hautreaktion.

Diese Tatsache wird mit sogenannten R e c a l l - A n t i g e n e n an der menschlichen Haut getestet:
Candidin, Tuberkulin, Lepromin, Brucellergen, Histoplasmin, Trichophytin, Vacciniavirus, Mumpsantigen.
Bei negativem Ausfall ist an eine Thymus-Suppressor-Zytotoxizitäts-Schwäche zu denken.
(Nach Therapie mit Thymusfaktoren kehren die Typ-IV-Reaktionen meistens wieder.)

MF = Mitotic Factor = Transformations-Mitose-fördernder Faktor mit Einbau von tritiummarkiertem Thymidin in die Lymphozyten-DNS

CTF = Chemotactic Factor = Chemotaxis fördernder Faktor
Fördert die Wanderung von polymorphkernigen neutrophilen Granulozyten und Makrophagen durch Millipore-Filter hindurch (s.Abb.)

CSF = Colony Stimulation Factor = Koloniewachstumsförderndern Faktor für Makrophagen etc.

MAF = Macrophage Aggregation Factor = Makrophagen-Aggregation fördernder Faktor

MAF = Macrophage Activating Factor = Makrophagen aktivierender Faktor.
Erhöht die Resistenz von Makrophagen gegen Infektionen mit Viren und Bakterien

MIF = Macrophage Inhibition Factor = Makrophagen inhibierender Faktor. Hemmt die normale Wanderung von Makrophagen in einer Kulturlösung (s. auch Abb.)

Lymphotoxin-Produktion gegen spezielle Kulturzellen im Sinne der Anregung von T-Killer-Lymphozyten

Zytotoxizitäts-Anregung (Lyse von Körperzellen, die bei identischer HLA-Konstellation veränderte Oberflächenantigene - nach Virusinfektionen - aufweisen)

Abb. 11

Interaktionen zwischen T- und B-Lymphozyten und anderen Zellen des Immunabwehr-Systems

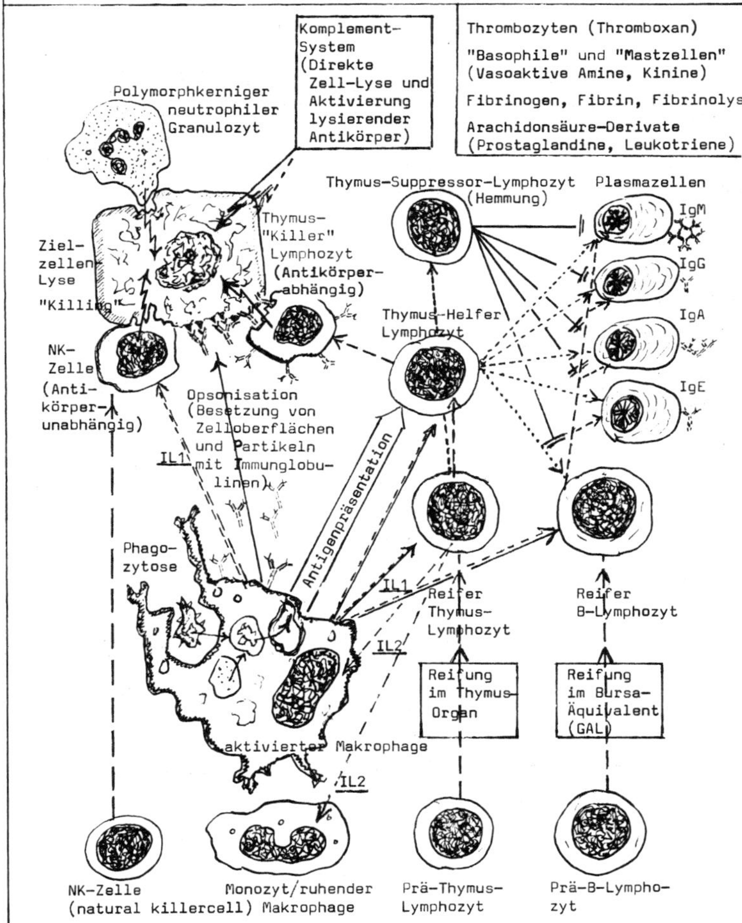

(IL1 = Monokine, IL2 = Lymphokine)

Abb. 12

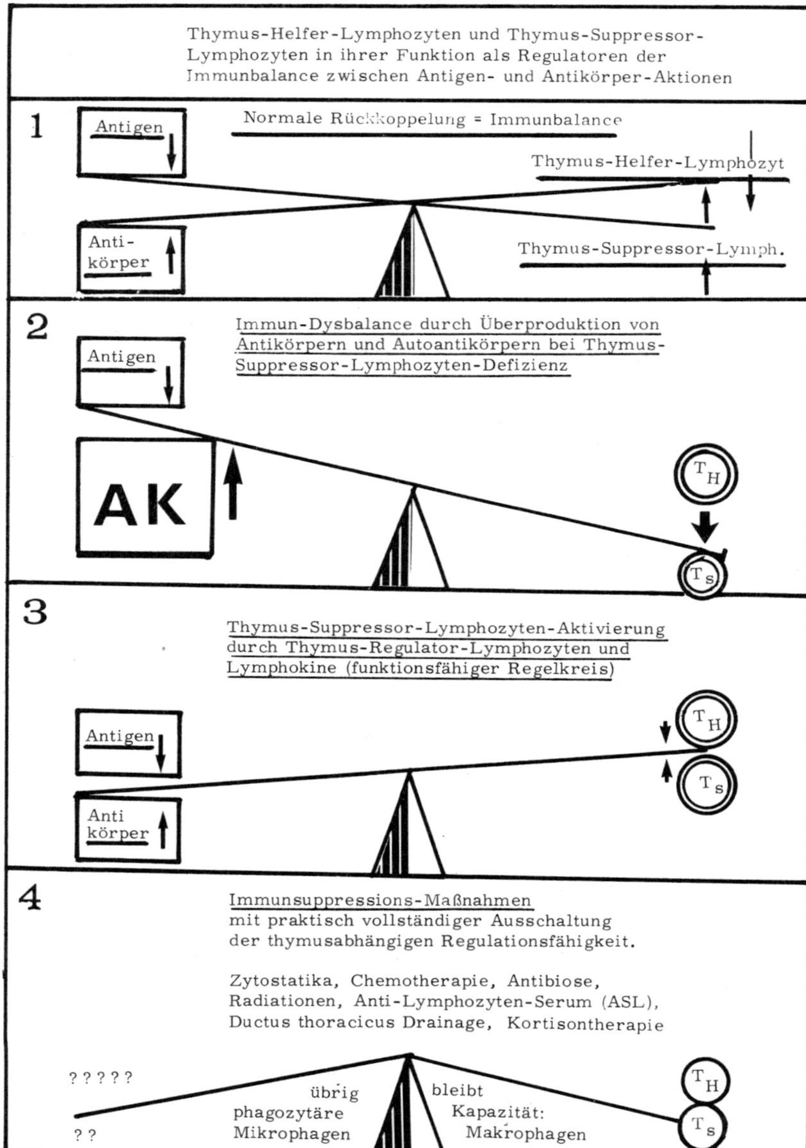

Thymus-Helfer-Lymphozyten und Thymus-Suppressor-Lymphozyten in ihrer Funktion als Regulatoren der Immunbalance zwischen Antigen- und Antikörper-Aktionen
1
Antigen
Normale Rückkoppelung = Immunbalance
Thymus-Helfer-Lymphozyt
Anti-körper
Thymus-Suppressor-Lymph.
2
Immun-Dysbalance durch Überproduktion von Antikörpern und Autoantikörpern bei Thymus-Suppressor-Lymphozyten-Defizienz
Antigen
AK
TH
Ts
3
Thymus-Suppressor-Lymphozyten-Aktivierung durch Thymus-Regulator-Lymphozyten und Lymphokine (funktionsfähiger Regelkreis)
Antigen
TH
Ts
Anti körper
4
Immunsuppressions-Maßnahmen mit praktisch vollständiger Ausschaltung der thymusabhängigen Regulationsfähigkeit.
Zytostatika, Chemotherapie, Antibiose, Radiationen, Anti-Lymphozyten-Serum (ASL), Ductus thoracicus Drainage, Kortisontherapie
? ? ? ? ?
? ?
übrig bleibt
phagozytäre Kapazität:
Mikrophagen
Makrophagen
TH
Ts

Abb. 13

Das Thymusorgan als Teil der neuro-endokrinen Regulation

Es scheinen enge Verbindungen zwischen Epiphysen – und Thymusfunktionen zu bestehen.		Epiphyse (Pinealorgan)
Einflüsse durch Neuropeptide auf Funktionen des ZNS und des autonomen NS		
Psychische Einflüsse wirken über Neurotransmitter und Releasinghormone auf Hypophysenhormon-Produktionen ein. (ACTH, STH, FSH, LH etc.)	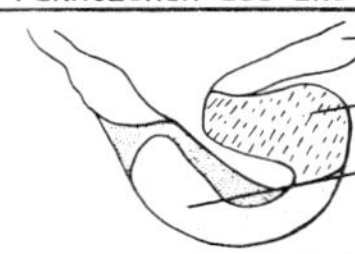	Hypothalamus Neurohypophyse Adenohypophyse
Thymushormone fördern die Thyreoidea-Aktivität (Cave: Hyperthyreose) Thymushormone fördern die Parathyreoidea-Aktivität (Kalziumspiegel-Senkung)	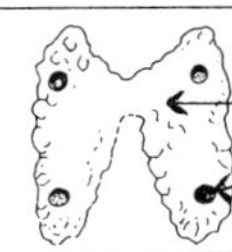	Thyreoidea Parathyreoidea
Das Thymusorgan spielt eine bedeutende Rolle als Teil des neuroendokrinen Systems. (Stress-Atrophie)	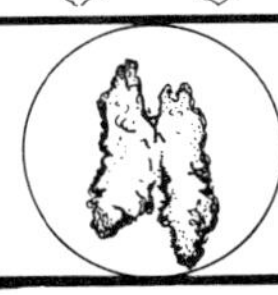	**Thymusorgan (Briesdrüse)**
Thymushormone haben eine insulinartige Wirkung (Cave: Insulin-Überdosierung)		Inselorgan im Pankreas
Thymushormone wirken teilweise gegenläufig zu NNR-Hormonen. Hohe Dosen Kortikoide hemmen die Thymusaktivität und führen zur Immundefizienz. Geringe Dosen fördern die Immunabwehr.	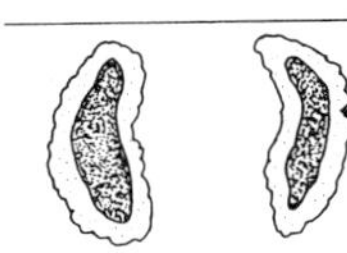	Adrenocortex (NNR)
Thymushormone haben Einfluß auf die Gonadenfunktionen.	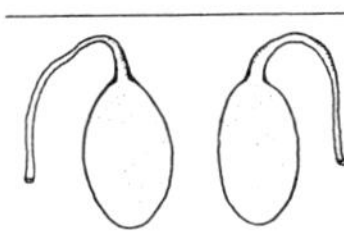	Gonaden (Ovar/Testes)

LITERATUR

1. ALEKSANDROWICZ, J., SKOTNICKI, A.B.: Acta Med.Pol., 1976, 17, 1

2. ARDENNE von, M., Diverse Publikationen, Zeppelin-Str. 7, DDR-8051 Dresden

3. BACH, J.F., et al.: Lancet, 1972, 2, 1056

4. BEVERLEY, P.: The importance of T3 in the activation of T lymphocytes, Nature 304, 398-399, 1983

5. BURNET, F.M.: Immunology, W.H. Freeman, San Francisco, 1976

6. CYBULSKI, L.,et al.: Pol.Med.Sci.Hist.Bull. 15 (1) 1976, 47-49

7. CZARNECKI, J., JASKOLSKI, B.: Preparation TFX "Polfa" Jelenia Góra, Arch. Immunol. Ther.Exp. 1978, 26, 475

8. COMSA, J.: Am.J.Med.Sci., 1965, 250, 79

9. COMSA, J., LEONHARDT, H., OZMINSKI, K.: Thymus, 1979, 1, 81

10. DESCHAUX, P., MASSENGO, B., FONTANGES, R.: Thymus, 1979, 1, 95

11. GOLDSTEIN, A.L., et al.: Proc. Natl. Acad. Sci., USA, 1972, 69, 1800

12. GOODWIN, J.S., SEARLES, R.P., TUNG, S.K.: Immunological responses of healthy elderly population, Clin.Exp.Immunol. 48, 403-410, 1982

13. GORSKI, A., et al.: Thymus 3, 1981, 129-141 (Elsevier)

14. HALLGREN, H.M., KERSEY, J.H., DUBEY, D.P., YUNIS, E.J.: Lymphocyte subsets and integrated immune function in aging humans, Clin.Immunol.Immunpath. 10, 65-78, 1978

15. HAMMAR, J.A.: Ztschr.f.mikr.anat.Forschung, 49, 1940, 68-81

16. JANKOVIC, B.D., ISAKOVIC, K., HORVAT, J.: Nature, 1965, 208, 356

17. JANKOVIC, B.D., ISAKOVIC, K., KOROLIJA, P., PESIC, M.C.: Allergologie, 145, Jahrgang 7, 4/1984

18. JANKOVIC, B.D., WAKSMAN,B.H., ARNASON,B.G.: J.Exp.Med., 1962, 116, 156

19. KENT, S.: Can normal aging be explained by the immunologic theory? Geriatrics 32, 111-121, 1977

20. KICZKA, W.: Anwendung von Thymusextrakten bei Malignomkranken - Arbeitshypothese - Thymus-Fachbuchverlag, Bad Harzburg, 1983

21. KNIPPING, H.W., RIEDER, W.: Zeitschr. f. d. ges. exp. Med. Bd. XLII, H.1, 1924, 374-379

22. KOOK, A.I., TRAININ, N.: J.Exp.Med., 1974, 139, 193

23. KRUISBEEK, A.M., et al.: Cell. Immunol., 1978, 35, 134

24. KUNG, P.C., GOLDSTEIN, G., REINHERZ, E.L., SCHLOSSMAN, S.F.: Monoclonal antibodies defining distinctive human T cell surface antigens, Science 206, 347-349, 1979

25. LUCKEY, T.D. (Ed.): Thymic Hormones, Baltimore Univ.Park Press, 1973

26. MANDI, B., GLANT, T.: Nature (New Biology) 1973, 246, 25

27. MAYR, A., RAETTIG, H., STICKL, H., META,A.: Paramunität, Paramunisierung, Paramunitäts-inducer, Fortschr. Med. 97, 1159-1165, 1979

28. MILLER, J.F.A.P.: Lancet, 1961, 2, 748

29. NAGEL, J.E., CHREST, F.J., ADLER, W.H.: Enumeration of T lymphocytes subsets by monoclonal antibodies in young and aged humans, J.Immunol. 127, 2086-2088, 1981

30. NEUMEYER, G: "Thymus-Faktoren in Forschung und Therapie", Wissenschaftl.Informationsdienst, Dr. G.Neumeyer, Bahrenfelder Steindamm 110, D-2000 Hamburg 50

31. OSOBA, D.: Science, 1965, 147, 298

32. PESIC, M.C.: Immunotherapie mit Thymusextrakt (THX), 2. Aufl., Haug Verlag, Heidelberg 1984

33. PIERPAOLI, W., BIANCHI, H., SORKIN, E.: Clin.Exp.Immunol., 1971, 9, 889

34. POLITOWSKI, M., et al.: Mater Med.Pol.11(4) 1979, 339-344 (Engl.)

35. REINHERZ, E.L., HUSSEY, R.E., SCHLOSSMAN, S.F.: A monoclonal antibody blocking human T cell function, Eur.J.Immunol. 10, 758-762, 1980

36. SANDBERG, E.: The bovine cervical thymus and its involution, Upsala Läkareförenings Förhandlingar, Vol. LIV: 3-4, 1949

37. SANDBERG, E.: Contribution to the physiology of the thymus, Medl.-Bl.f.Sv. vet.-förb. nr 23/1963

38. SANDBERG, E.: "THX", Schweden 1968

39. SCABA, G.: Endocr. Exp., 1973, 7, 99

40. SCHULOF, R.S., et al.: Fed.Proc., 1973, 32, 962

41. SKOTNICKI, A.B.: Pol. Tyg. Lek., 1978, 33, 1119

42. SKOTNICKI, A.B., THOMSON, A.E.R., TISDALE, M.J., in: Immunotherapy of Malignant Diseases, Ed. H. Rainer, Schattauer Verlag, Stuttgart-New York 1978, 27-30

43. TRAININ, N.: Physiol. Rev. 1974, 47, 137

44. WALFORD, R.L.: Immunologic theory of aging: Current status, Fed. Proc. 33, 2020 - 2027, 1974

45. WHITE, A., GOLDSTEIN, A.L.: Perspect. Biol. Med. 1968, 11, 475

46. WHITE, A., GOLDSTEIN, A.L., in: Immunogenecity - Physical, Chemical and Biological Aspects (Ed. F. Borek), 1972, 334, North Holland Publ., Amsterdam

47. WHITE, A., GOLDSTEIN, A.L.: Adv. Metab. Disor., 1975, 8, 359

48. Which Thymic Hormone? THE LANCET, 8337, 1309-1311, 1983

Am Schluß unserer Arbeit möchten wir noch einen Überblick über die Dosierung von z. Z. auf dem deutschen Markt erhältlichen Thymus-Präparaten geben. Die Ausführungen sind jeweils den Beipackzetteln der Firmen entnommen. Die Übersicht stellt jedoch keine Analyse über Qualität und Wirkungsweise der einzelnen Präparate dar. Es ist jedem Therapeuten selbst überlassen, sich sein Urteil über die einzelnen Thymus-Präparate zu bilden und seine Erfahrungen zu erweitern. Die Vollständigkeit der Liste ist nicht gewährleistet, da einige Firmen unserer Bitte, uns die Genehmigung zur Veröffentlichung ihrer Daten zu erteilen, nicht nachgekommen sind.

Herkömmliche Thymus-Präparate

Injizierbare Thymuspräparate

Die klassische THX-Behandlung nach Dr. Elis Sandberg, Aneby-Schweden

1. Woche

Mo	Di	Mi	Do	Fr	Sb	So
5	5	5	5	5		

2. Woche

Mo	Di	Mi	Do	Fr	Sb	So
5	5	5	5	5		

3. Woche

Mo	Di	Mi	Do	Fr	Sb	So
5	5	5	5	5		

4. Woche

Mo	Di	Mi	Do	Fr	Sb	So

5 ml THX (Gesamt-Thymusextrakt) werden intraglutäal an fünf aufeinanderfolgenden Wochentagen appliziert. (Bei Karzinomkranken kann die Dosis verdoppelt bis verdreifacht werden, je nach Lage des Falles.)

Varianten der Thymus-Therapie in der ärztlichen Praxis

1. Woche

Mo	Di	Mi	Do	Fr	Sb	So
5	5	5	5	5		

2. Woche

Mo	Di	Mi	Do	Fr	Sb	So
5		5		5		

3. Woche

Mo	Di	Mi	Do	Fr	Sb	So
	5		5			

4. Woche

Mo	Di	Mi	Do	Fr	Sb	So
	5		5			

5. Woche

Mo	Di	Mi	Do	Fr	Sb	So
	5		5			

Fortsetzung mit einer Injektion pro Woche, später alle 10 - 14 Tage und auf Dauer Wiederholungen jeden Monat über Jahre hinweg. Um einen Rebound-Effekt zu vermeiden, sollten auch nach Serien, die in Kliniken oder Zentren verabfolgt wurden, die Injektionen beim Hausarzt fortgesetzt werden, damit es nicht zu einem Rebound-Effekt durch zu plötzliches Absetzen kommt.

THYMEX-L

150 mg lyophilisierter Gesamt-Thymusextrakt/THX nach Dr. Pesić aus frischem juvenilem Kalbsthymus, standardisiert auf Proteingehalt, Proteingehalt 0,6 mg/ml Suspension; pH-Wert (37°) 7,1. THYMEX-L enthält neben immunwirksamen Peptiden und Proteinen auch Adenosindesaminase-, Purinnukleosidphosphorylase- und Peptidase-Aktivitäten.
10 - 20 Injektionen à 150 mg in 6 - 8 ml (jeweils 5 Tage spritzen, 2 Tage Pause); bei empfindlichen und schwachen Patienten jeden 2. Tag eine Dosis. Eine Ganzjahr-Therapie kann 2 x wöchentlich durchgeführt werden.

THYMUS-TFX THYMOMODULIN

THYMUS-TFX THYMOMODULIN ist eine biologisch aktive Fraktion, gewonnen aus dem wäßrigen Extrakt der Thymusdrüse von Kälbern. Sie besteht aus einer Polypeptidfamilie zwischen 4.000 und 6.000 Daltons.
THYMUS-TFX THYMOMODULIN beeinflußt sowohl spezifische, als auch unspezifische Abwehrmechanismen. Dieses Präparat enthält humorale Faktoren, die die Differenzierung und die Reifung der jungen Lymphozyten zu immunkompetenten Zellen ermöglichen. Diese Eigenschaft spielt eine große Rolle nicht nur bei der Infektionsbekämpfung, sondern auch in der Malignomzellenerkennung und weiter im Vernichtungssprozeß des Tumors.
THYMUS-TFX THYMOMOLULIN (10 und 20 mg Lyophilisat) wird in der Injektionsflasche mit 2 ml 0,9 % Kochsalzlösung vermischt und sofort nach dem Auflösen s.c. oder i.m. gespritzt.
Bei akuten Infektionskrankheiten empfiehlt es sich, 4 Fläschchen à 20 mg THYMUS-TFX THYMOMODULIN mit 250 ml physiologischer Kochsalzlösung zu vermischen und als Infusion zu verabreichen.

Peroral applizierbare Thymuspräparate

ZELLMEDIN-THYMUS 200 dünndarmlösliche Drag.

1 Dragee = 200 mg Thymus lyophilisiert entspricht 1 g Frischdrüse (THX entsprechender Gesamtextrakt)

Zur Revitalisierung und Rekonvaleszenz sowie zur allgemeinen Prophylaxe: 2 - 3 Dragees mit einer Tasse Flüssigkeit ca. 20 Minuten vor dem Frühstück.
Zur Immunaktivierung und zur Vorbeugung aller Erkrankungen, die durch eine geschwächte Immunlage bedingt sind: 4 - 5 Dragees mit 1 Tasse Flüssigkeit 3mal täglich ca. 20 Minuten vor den Mahlzeiten.
Zur Immunaktivierung bei schweren Erkrankungen (Krebstherapie): 10 Dragees mit 1 - 2 Tassen Flüssigkeit 3mal täglich ca. 20 Minuten vor den Mahlzeiten.

THYMUS-DRAGEES - Wiedemann

Ein Dragee enthält: 200 mg Thymus-Pulver (entfettet, lyophilisiert, dünndarmlöslich, standardisiert auf Thymosin α1)

Täglich ca. 20 Minuten vor dem Frühstück unzerkaut 2 - 3 Dragees mit etwas Flüssigkeit schlucken. Zur Steigerung der Immunabwehr werden 3mal täglich vor den Mahlzeiten 4 - 5 Dragees mit etwas Flüssigkeit eingenommen. Innerhalb der Karzinom-, Tumor- und Leukämie-Therapie kann die Tagesdosis bis zu 3 x 10 Dragees nach Verordnung des Arztes gesteigert werden.

Präparate aus fetalen Thymusorganen und ähnliche Zubereitungen

Organ-Serum-Thymus (Wiedemann)

1 Ampulle Serum enthält:	
genuines Serum vom Kaninchen (Mindesttiter 1:100)	0,02 ml
hergestellt durch Immunisierung mit menschlichem Organextrakt (Thymus)	
isotonische Phosphatpufferlösung (pH 7,2)	0,18 ml
Chinosol (WZ Chinosolfabrik), bezogen auf den Serumanteil	0,02 %
1 Ampulle Verdünnungsmittel enthält:	
isotonische Phosphatpufferlösung (pH 7,2)	0,4 ml

Eine Serie von 8 - 12 intrakutanen Injekt. ist in Abständen von je 2 bis 3 Tagen vorzunehmen.

REGENERESEN - Thymus

1 Ampulle zu 5 ml enthält Ribonucleinsäuren aus fetalem Thymus und Ribonucleinsäuren aus Hefe - 6 mg.

Durchschnittlich jeden 2. Tag 2 Ampullen â 5 ml

REVITORGAN-SOL-PRÄPARATE: Thymus fetal, Thymus juvenil

Die REVITORGAN-SOL-PRÄPARATE sind voll lösliche organspezifische Zellextrakte, die aus dem Thymus von Jungtieren und Feten gewonnen werden. Sie enthalten hauptsächlich Proteine und Peptide mit einem Molekulargewicht 10^6 Dalton. Diese Organextrakte sind voll löslich. Nach einer entsprechenden tolerogenen Vorbehandlung mit den Dilutionen (Verdünnungen) werden sie injiziert. Das Injektionsintervall sollte dabei 3 - 4 Tage nicht überschreiten. Eine Mischung der Thymuspräparate mit anderen REVITORGAN-PRÄPARATEN ist möglich. Der Inhalt von 2 - 3 verschiedenen Präparaten kann ohne weiteres in der Mischspritze zusammen verabreicht werden.

Thymus fetal stimuliert die Suppressorzellen, während der juvenile Thymus die Helferzellen stimuliert. Die Mischung aus fetalem und juvenilem Thymus bewirkt eine Normalisierung in beide Reaktionsrichtungen.

SICCACELL Amp. - fet. Thymus

SICCACELL-Präparate sind durch Gefriertrocknung konservierte, unter Vakuum in Durchstechfläschchen abgefüllte, fetale oder juvenile Organzellen (z.B.: Resistocell - Inj.Fl. zur i.m. Injektion)

In einer Behandlung können 6 - 8 verschiedene Organpräparate implantiert werden. - Alle in einer Sitzung.

Thymus fet. - MILCELL

Tiefgefrorene Zellsuspension, hergestellt aus ausschließlich fetalen Organzellen vom Rind, steril abgefüllt in Einmalspritzen (400 mg Frischeinwaage pro 10 ml Ringerlösung) zur i.m. Injektion.

In 1 Sitzung wird im Regelfall eine Zellkur, bestehend aus 8 - 10 verschiedenen Organpräparaten, implantiert.

Zur Stärkung der zellulären Immunabwehr können bei entsprechender Abwehrschwäche in einer Sitzung 4 - 6 Spritzen Thymus Milcell i.m. appliziert werden.

THYMUS - Frigocyt

Tiefgefrorene Zellsuspensionen in Einmalspritzen à 10 ml (400 mg Thymus fet. auf 10 ml Ringerlösung DAB 7 zur i.m. Inj.)

Zwecks Gewährleistung einer guten Verträglichkeit sind die hochmolekularen Eiweißstoffe den Präparaten zu ca. 70 % entzogen.
Im Regelfall vier Einzelinjektionen wöchentlich über einen Zeitraum von 4 - 5 Wochen. Dauer und Wiederholung der Behandlung abhängig von der Immunitätslage. - Die Behandlung kann ambulant durchgeführt werden, eine anschließende Bettruhe ist nicht erforderlich.

Über die Autoren

Dr. med. Günter Neumeyer, geboren 1921 in Halle/Saale und in Hamburg aufgewachsen.
Nach Staatsexamen (Medizin), Approbation und Promotion in Hamburg als Pathologe und klinischer Internist ausgebildet. Leitende Positionen an Hospitälern im Ausland (Tropenmedizin). Als Facharzt in eigener Praxis besonders auf dem Gebiete der Therapie von Autoimmunkrankheiten tätig. Veröffentlichungen auf dem Gebiete der Immunologie und der Thymologie. Herausgeber des wissenschaftlichen Informationsdienstes "Thymus Faktoren in Forschung und Therapie" (Institut für wissenschaftliche Dokumentation, 2000 Hamburg 50, Bahrenfelder Steindamm 110).

Dr. med. Milan C. Pesić, geboren 1931 in Nis/ Jugoslawien. Medizinstudium an den Unversitäten Zagreb, Heidelberg, Belgrad (Staatsexamen). Spezialisierung auf Urologie, Assistenzarzt am Klinikum Essen, Oberarzt im Johanniter-Krankenhaus Oberhausen/Rhld., ltd. Arzt im Sanatorium Prof. Block, Lenggries/Obb.
Schon als Chirurg und Urologe suchte Pesić aufgrund seiner immunologischen Studien im Gegensatz zu den bestehenden Lehrmeinungen nach alternativen Behandlungsmethoden und gelangte so zur Thymus-Therapie.
Seit 1975 hat Pesić eine eigene Arztpraxis und leitet das Institut für Immunologie und Thymusforschung in Bad Harzburg. Er gründete 1975 die Internationale Gesellschaft für Thymusforschung e.V., deren Präsident er von 1978 bis 1982 und Vizepräsident bis 1985 war.
Seine intensiven Forschungen auf dem Gebiete der Immunologie haben mehrfache wissenschaftliche Abhandlungen in der in- und ausländischen Fachliteratur hervorgebracht sowie zu zahlreichen Vorträgen auf Kongressen und Symposien geführt.

Dr. med. Aleksander B. Skotnicki, geboren 1948 in Chorzów/Polen. 1972 Medizinstudium an der Medizinischen Akademie in Kraków beendet. 1975 Doktordiplom für Forschungen über den Einfluß des in Polen entwickelten Kalbsthymusextraktes auf die menschlichen Lymphozyten.
Er arbeitet als Assistenzarzt an der Haematologischen Klinik der Medizinischen Akademie in Kraków und führt Forschungen über die Wirksamkeit der Thymustherapie bei Kranken mit Immunitätsstörungen durch.
Skotnicki hat auch fundamentale, experimentelle Untersuchungen über den Einfluß der Thymushormone auf die Zellen angestellt. Diese Forschungen hat er in London und Washington fortgeführt. Skotnicki hat an vielen in- und ausländischen Kongressen teilgenommen und eine Reihe von Publikationen über die klinische Immunologie veröffentlicht. Er ist Mitglied der Internationalen Gesellschaft für Thymusforschung e.V. seit ihrer Gründung im Jahre 1975.